BÄUME DER WELT

BÄUME DER WELT

Eine faszinierende Reise zu den außergewöhnlichsten Bäumen

Text und Fotografie
Thomas Pakenham
mit Ergänzungen von Stefan Kühn

Reader's Digest
DEUTSCHLAND · SCHWEIZ · ÖSTERREICH

INHALT

Einleitung

Nochmals 72 Bäume

Als ich vor sechs Jahren *Meetings with Remarkable Trees* schrieb, äußerten viele Freunde, die meine Bücher über die Geschichte Afrikas kannten, gelindes Erstaunen. Damals hielt es sogar mein Verlag für eine verstiegene Idee, einen Band über sechzig Einzelbäume oder Baumgruppen herauszubringen. Aber irgendwie sprach das Thema die Leute an. Leser schrieben mir, dass sie heimlich Bäume umarmten, sich bislang jedoch geniert hätten, darüber zu sprechen. Andere meinten, sie hätten sich nie sonderlich mit Bäumen befasst, betrachteten sie nun aber mit völlig neuen Augen. Ein Südafrikaner ließ mich sogar wissen, dass ich in seiner Familie eine Art Held sei. „Sehen Sie, meine Mutter ist 95, halb blind und schon etwas verwirrt. Aber sie findet Ihr Buch wirklich toll." Ich hoffe nur, mir sind diese Lobeshymnen nicht zu sehr in den Kopf gestiegen.

Für mein erstes Buch wählte ich sechzig Bäume aufs Geratewohl aus. Es gab nur drei Kriterien: Jeder Baum musste in Großbritannien oder Irland stehen, er musste eine starke Persönlichkeit besitzen, genau genommen so stark, dass meine Frau (die nicht unbedingt zu den glühenden Bewunderinnen von Bäumen zählt) bei seinem Anblick in Verzückung geriet, und er musste sich von meiner Kamera in einem ausdrucksvollen Porträt einfangen lassen.

Nun habe ich erneut 72 Motive nach diesen Kriterien ausgewählt – mit einem Unterschied: Die hier vorgestellten Bäume und Baumgruppen verteilen sich auf dem gesamten Erdball *außerhalb* Großbritanniens und Irlands. Meine Verleger waren leichtsinnig genug, mir in dieser Hinsicht völlig freie Hand zu lassen. Und wer hätte eine solche Gelegenheit nicht beim Schopf gepackt? Ich streifte vier abenteuerliche Jahre lang durch die Welt, auf der Suche nach Bäumen mit edlen Zügen und starken Persönlichkeiten. Wie sein Vorgänger wird auch dieses Buch kaum eine Hilfe für den sein, der Tipps zur Bestimmung oder gar zur Pflege von Bäumen sucht. Ich hoffe allerdings, dass Sie Exemplare kennen lernen werden, bei deren Anblick Sie ebenfalls in Verzückung geraten.

Manchmal hängt man sich an die Fährte eines alten Baumes wie ein Jäger, der ein weißes Nashorn durch den Busch verfolgt, nur um zu entdecken, dass er bereits tot ist. Schlimmer noch, die Bäume, für die man selbst die Verantwortung trägt, die Bäume im eigenen Garten, werden von Stürmen verstümmelt oder gefällt. Noch vor zehn Jahren war der Park unseres Familiensitzes in Irland reich an 200-jährigen Buchen. Meine besondere Liebe galt einem ehrwürdigen Veteranen mit fünf Stämmen. Auf den beiden Fotos dieser Seite sehen Sie ihn vor und nach dem großen Sturm, der am zweiten Weihnachtsfeiertag zum Ausklang des Jahrtausends tobte. Er liegt noch immer so im Park, die fünf Stämme ausgestreckt wie die Finger einer Hand, und ich bringe es nicht über mich, ihn zu Kaminholz zu verarbeiten.

Ganz oben und oben: Ende eines Familenbaums – vor und nach dem Sturm am 26. Dezember 1999.

Seite 2, Frontispiz: Die mexikanische Sumpfzypresse in Tule, Mexiko – der Baum mit dem grössten Umfang auf der Welt.

Seite 4: „Der Senat" – Gruppe von Bergmammutbäumen im Sequoia National Park von Kalifornien.

Es war der Verlust einiger anderer Buchen zu Beginn der 90er-Jahre, alten Freunden unserer Familie in Irland, der den Anstoß zur Entstehung von *Meetings* gab. Ich machte mir Vorwürfe, dass ich die Freundschaft dieser Bäume als zu selbstverständlich hingenommen hatte. Dagegen kam die Inspiration zu diesem Buch aus zwei sehr ungleichen Begegnungen.

Die erste hatte ich im August 1992 in den USA, auf der zauberhaften Insel Martha's Vineyard. Als ich durch die Hauptstraße von Edgartown schlenderte, entdeckte ich zu meiner Verblüffung einen riesigen Schnurbaum, *Sophora japonica,* der aus dem Pflaster vor mir zu springen schien wie ein Delphin aus seinem Becken. Mein Gott, dachte ich, das muss der König der Schnurbäume sein, der größte auf der Welt außerhalb von China oder Japan – und gut informierte Freunde bestätigten mir, dass ich Recht hatte. Als ich jedoch Näheres im *Register of American Champion Trees* – einer Art Who's Who der Baum-Society – nachlesen wollte, fand ich keinen Eintrag über den fernöstlichen Giganten, dem allen Anschein nach ein Kapitän namens Thomas Milton den Bürgersteig von Martha's Vineyard zur freien Entfaltung überlassen hatte. Die Erklärung dafür war so erstaunlich wie der Baum selbst. Der Schnurbaum stand nicht im Register, weil er weder als einheimisch noch als eingebürgert galt. Für das Register und seine strengen Richtlinien existierte er überhaupt nicht. Mein Gott, dachte ich erneut, was muss es in Amerika für einen unvorstellbaren Reichtum an Riesenbäumen geben, wenn dieses Land es sich leisten kann, einem solchen Baum die Einbürgerung zu verweigern! Ein Jahrzehnt später sah ich mich in meiner Annahme bestätigt. In Europa hatte man praktisch alle alten Baumbestände bereits vor Jahrhunderten gefällt. In Amerika, insbesondere im Westen, waren einige erhalten geblieben. Für den Baumjäger auf der Pirsch ist der amerikanische Westen das wiedergewonnene Paradies.

Das zweite Aha-Erlebnis hatte ich im November 1996 in Südafrika nach einem anstrengenden Werbefeldzug für *Meetings* in der pulsierenden Welt der Einkaufszentren. Zur Erholung schlug mein freundlicher Verleger ein ruhiges Wochenende mit Elefanten und Baobabs vor. Wir nahmen unsere Malariapillen und fuhren knapp 500 Kilometer zum Krüger-Nationalpark. Ich wusste bereits einiges über Elefanten, aber die Baobabs, die ihnen so sehr ähneln – und sie an Mächtigkeit noch übertreffen –, waren eine Offenbarung. Noch außerhalb des Parks, in Klaserie, stießen wir auf ein hohles Riesenexemplar, das zur Zeit des Goldrausches um 1880 als Bar gedient hatte. Damals, so erzählte man uns, sei der Tresen im Innern des Baumes so breit gewesen, dass 15 Goldgräber nebeneinander Platz fanden. Inzwischen ist der Eingang fast überwuchert und im Innern fanden sich nur noch einige leere Flaschen. Aber diese Begegnung war der Beginn einer stürmischen Leidenschaft für Baobabs. Ich musste mir eine gerade-

Oben: Schnurbaum an der Strasse von Edgartown auf Martha's Vineyard – angeblich 1833 von Kapitän Thomas Milton gepflanzt, der ihn als Topfpflanze aus dem Orient mitgebracht hatte.

zu mönchische Entsagung auferlegen, um zu verhindern, dass sie ihren Siegeszug durch dieses Buch antraten.

Wie mein erstes Buch über Bäume lässt auch dieses die konventionelle Botanik weitgehend unbeachtet. Es unterteilt die Bäume gemäß ihrer Persönlichkeit in Riesen, Zwerge, Methusalems, Träume und bedrohte Arten.

Das Kapitel Riesen enthält mit dem gigantischen, 1500 Tonnen schweren Mammutbaum General Sherman nicht nur den größten Baum, sondern zugleich das größte Lebewesen der Welt. (Ich weiß, es gibt im Norden von Michigan einen Riesenpilz, der die Fläche eines Fußballfeldes umfasst, aber erstens hat ihn noch kein Mensch gesehen, da er unterirdisch wächst, und zweitens ist er kein *Einzelwesen*, sondern eine Ansammlung von zahllosen Pilzkörpern, die einen Klon darstellen.) Zu den Methusalems gehören die windgeschüttelten Grannenkiefern der kalifornischen White Mountains, darunter Old Methuselah selbst, mit 4600 Jahren der älteste je von Wissenschaftlern vermessene Baum. In Tempelanlagen finden wir einige der heiligsten Bäume der Welt, wie die Kampferbäume in japanischen Shinto-Schreinen oder den 2200 Jahre alten Bodhibaum auf Sri Lanka, ein Ableger jenes Feigenbaums, unter dem Buddha die Erleuchtung zuteil wurde. Bedroht sind all die Baumarten, die gierigen Holzfällern oder verarmten Bauern unter die Äxte kommen. Das betrifft die Baobabs auf Madagaskar, die zunehmend von der Intensivlandwirtschaft verdrängt werden, aber auch die mächtigen Bäume an der nordamerikanischen Pazifikküste, die seit Jahrzehnten von Naturschützern in einem zähen Ringen gegen die Holzkonzerne verteidigt werden.

Oben: Ein Baobab für durstige Glücksritter während des Goldrausches in Klaserie, Südafrika.

Für das vorliegende Buch arbeitete ich mit Stefan Kühn, einem der Gründer des Deutschen Baumarchivs, zusammen, er ist wie ich leidenschaftlicher Baumliebhaber. Die Bilder und die Texte für die im Kapitel Heimat versammelten Baumgestalten stammen von ihm (mit Ausnahme derer zur Tassolinde und Nageleiche). Während meiner Reisen, die sich über vier Jahre erstreckten, begegnete ich immer wieder Menschen, die mich mit Rat und Tat unterstützten. Ihnen allen gilt mein herzlicher und aufrichtiger Dank. Namentlich erwähnen möchte ich folgende Personen:

In Australien: Rachel Blythe, Ross Ingram, Kingsley Dixon, Peter Valder, Peter und Nancy Underhill, Rose Talbot, Neil Parker, Tim McManus, David Richmond, Francis und Julie Keegan, John Morton, Georgina Persse, Sally und Roo Wright. In Neuseeland: Lynnaire Ryan, Carola und Michael Hudson, Stephen King. In Kanada: Sally und Keith Sacré, Joe und Joanne Ronsley, Kim McArthur und Sherie Hodds, Michael Reynolds, Gordon Weetman und John Worrall, Jillian Stewart. In der Türkei: Tricia und Timothy Daunt, Jane Baz und Vali Hüsnu Akdesir in Antalya. In Japan: Frau Hatakeyama, Herr Hiroshi Hayakawa, Masanori Owa, Hideo

Suzuki, Herr Hiroaki Matsuyama, Sir Stephen Gomershall, Yuriko Akishima, Tom Kiley, Dennis Kiley. In Portugal: Louis Vambeck. In Italien: Lupo Osti, Bruder Michele von San Francesco, Verruchio. In Belgien und Holland: Philippe de Spoelberch, Ghislaine de Spoelberch, Alain Camu, Jeroen Pater. In Deutschland: Heribert Reif, Gisela Doenig. In Frankreich: Professor Robert Bourdu, Sybille und André Zvariew, Georgina Howell und Christopher Bailey. In Mexiko: Mein Neffe Damien Fraser und Paloma Fraser, Adrian Thorpe. In den USA: Bob und Kathy Van Pelt, Chip Mueller und Angela Ginorio, Evgenia und Julian Sands, Ron Lance, Guy Sternberg, John Palmer, Edith Spink, Diana Rowan Rockefeller, Bob Pirie. In Südafrika: Jim und Barbara Bailey, Prospero und Anna Bailey, Jessica und John Clarke, Beesie und Nicky Bailey, Jonathan Ball und Pam Bowling, Jonathan Bowling, Theres Herbert. In Irland und Grossbritannien: Olda und Desmond FitzGerald, Mary McDougall, Grey und Neiti Gowrie, Mark Girouard, Patrick und Anthea Forde, Jane Martineau und Willy Mostyn-Owen, Crhistopher und Jenny Bland, Lindy Dufferin, Moira Woods, Michael und Dina Murphy, James und Alyson Spooner, Jacky und Julian Thompson, Kate und Patrick Kavanagh, Nella und Stan Opperman, Pilly Cowell, Liam und Maureen O'Flanagan, Paddy und Nicky Bowe, David und Linda Davies, Aaron Davis, Fionn Morgan, Daria und Alexander Schouvaloff, Simone Warner, Maurice und Rosemary Foster, Alison und Brendan Rosse, Aubrey Fennell, David Alderman.

Zu besonderem Dank verpflichtet bin ich Charles Nelson und Stephen Spongberg, zwei Botanikern, die meine Schritte und meine Feder gelenkt haben. Und ich möchte noch einmal hervorheben, dass mir Angelo Hornak die großartige Linhof-Kamera empfahl (obwohl er bezweifelte, dass ich es schaffen würde, sie richtig zu bedienen). Ich bedanke mich bei der Weidenfeld-Redaktion in London und hier vor allem bei Anthony Cheetham, Michael Dover und David Rowley, die mir in jedem Entwicklungsstadium des Buchs – vom zarten Sämling bis zur robusten Pflanze – zur Seite standen. Ich bedanke mich ferner bei Mike Shaw, Jonathan Pegg und den Leuten von Curtis Brown. Auch meinen ausländischen Verlegern – Bob Weil von Norton in New York und Jonathan Ball in Johannesburg – bin ich zu großem Dank verpflichtet. Und nicht zuletzt danke ich meiner weit verzweigten Familie, die mittlerweile zu einer Großsippe von 59 Geschwistern, Kindern, Enkeln, Neffen, Nichten, Großneffen und -nichten angewachsen ist. Viele haben mich bei meiner Arbeit unterstützt, aber den größten Anteil hatten doch meine Mutter, meine Schwester Antonia und meine Frau Valerie. Alle drei duldeten und förderten, oft wider besseres Wissen, meine verwegene Liebschaft mit Bäumen.

Oben: Bei Agadir in Marokko knabbern Ziegen an den Dornen eines Arganbaums.

KAPITEL EINS

RIESEN

GÖTTER

Riesen acht ich, die Urgebornen,
Die mich vor Zeiten erzogen haben:
Neun Welten kenn ich, neun Äste weiß ich,
Den starken Stamm im Staub der Erde.

Völuspâ, Der Seherin Weissagung (Götterlieder der Älteren Edda)

Die letzten Maori-Götter

Der subtropische Regen setzte ein, als ich den Holzsteg entlangstiefelte, um Te Matua Ngahere (Vater des Waldes) und Tane Mahuta (Herr des Waldes) zu fotografieren. Mit diesen Namen bedachten die Maori die beiden gigantischen Kaurifichten *(Agathis australis)*, noch ehe Captain Cook und die ersten Engländer vom Boden Neuseelands Besitz ergriffen.

Kaurifichten waren bei weitem die größten Lebewesen in der Welt der Maori und wurden deshalb wie Götter verehrt. Die Engländer, die das Land im 19. Jahrhundert besiedelten, sahen in ihnen vor allem göttliches Nutzholz. Heute gehören die beiden Bäume zu weniger als einem Dutzend Riesen-Kaurifichten, die 200 Jahre Holzfällerei in Neuseeland überlebt haben. Sie befinden sich im Waipoua State Forest etwa 400 Kilometer nördlich von Auckland und stehen unter Naturschutz. Aber von den übrigen Baumgöttern der Maori werden wir kaum noch etwas erfahren. Die größten und mächtigsten Kaurifichten fielen längst den Äxten der Holzfäller zum Opfer.

Ich spähte durch den Regen auf Te Matua Ngahere. Ja, man konnte ihn durchaus als gottähnlich bezeichnen. Das galt nicht nur für den glatten, grauen Stamm mit der netzartigen Rinde, der in Brusthöhe einen Umfang von gut 18 Metern hatte und sich die nächsten 15 Meter nach oben kaum verjüngte. Erst dann teilte er sich in ein halbes Dutzend gewaltiger grauer Äste, ausgestreckt wie Finger, die ein eigenes Dschungelreich umfasst hielten. Ich sah Orchideen und Kolbenbärlapp und eine bösartige Würgerpflanze namens Rata, die hoch droben in einer Gabel nistete und von dort eine lange, gefräßige Wurzel zu Boden gelassen hatte, die an ein Abflussrohr erinnerte. (Man hätte meinen können, dass sich dieser Würger in seiner Gier übernommen hatte, aber eine hundertjährige Wartezeit macht ihm überhaupt nichts aus.)

Der Regen ließ nach. Ich stand auf dem glitschigen Holzsteg und montierte die schwere Linhof-Kamera auf ihr Stativ. Ein Schild warnte Touristen davor, den Steg zu verlassen. Aber ich brauchte zum Größenvergleich unbedingt einen Zwerg neben dem Baum. Sollte ich es wagen und diesen Zwerg selbst geben? Holzstege dienen dazu, die empfindlichen Baumwurzeln vor dem Getrampel zahlloser Wanderstiefel zu schützen. Und sie machen jede gute Aufnahme zunichte. Es gab nur eine Alternative, wenn ich nicht gegen die Regeln verstoßen wollte. Freunde hatten mir von einem netten Ökologen namens Stephen King erzählt, der das Dschungelreich im Geäst der Kaurifichte regelmäßig besuchte und sich in Tarzanmanier an einem Seil nach unten schwang, das an einem benachbarten Baum befestigt war. Das wäre ein Motiv! Ich konnte das Tarzanseil von einem Ast baumeln sehen. Aber Tarzan selbst blieb unsichtbar.

Es gibt Zeiten, in denen ein Mann über sich hinauswächst. Ich erklärte einem wagemutigen englischen Touristen, wie der Auslöser meiner Kamera funktionierte. Dann hängte ich mir meine scharlachrote Fotodecke um und kämpfte mich ohne Rücksicht auf mein Leben und meinen guten Ruf durch das Unterholz auf den Stamm des Giganten zu. Ich finde das Ergebnis nicht schlecht (urteilen Sie selbst!), obwohl ich ein wenig ramponiert aussah, nachdem ich mich wie eine Ratte unter einem im Farnkraut verborgenen Stacheldraht durchgebuddelt hatte.

Am nächsten Tag schien die Sonne, und ich machte mich auf den Weg zu Tane Mahuta, der zweiten und noch größeren Kaurifichte. Natürlich würde ich mir diesmal eine Genehmigung zum

Vorhergehende Seite: „Te Matua Ngahere“ (Vater des Waldes) in Waipoua, Neuseeland – die Kaurifichte mit dem größten Stammumfang.

Seiten 10–11: Zwillings-Baobab auf der Insel Khubu in Botsuana. Wir landeten auf der Salzpfanne.

Rechts: „Tane Mahuta“ (Herr des Waldes) in Waipoua, Neuseeland – die mächtigste aller überlebenden Kaurifichten. Noch grössere Exemplare fielen bereits vor mehr als einem Jahrhundert Holzfällern zum Opfer.

KAURIFICHTE

Agathis australis

▶**Heimat** Nordinsel Neuseelands (Coromandel-Halbinsel, Northland), in Wäldern bis 600 m Höhe

▶**Botanische Einordnung** Koniferen (Nadelbäume), Familie: Araucariaceae (Araukariengewächse)

▶**Vermehrung** Durch Samen, die nur kurze Zeit keimfähig sind

▶**Zapfen** Nahezu kugelförmig, kurz gestielt, 6–8 cm groß, graugrün, mit einem geflügelten Samen pro Schuppe

▶**Verwertung** Holz dauerhaft, schon von den Maori für den Schiffbau begehrt. Naturbestände heute geschützt; subfossiles, bis zu 45 000 Jahre altes Holz im Kunsthandwerk verwendet. Aus dem Harz („Kauri-Kopal“) wurden Lacke und Schmuck hergestellt.

Gesamtansicht von Tane Mahuta.

Verlassen des Holzstegs besorgen. Warum hatte ich daran nicht von Anfang an gedacht? Aber der Ranger, an den ich mich wandte, war mit anderen Problemen beschäftigt. Er erzählte mir, soeben sei ein Bericht hereingekommen, dass sich am Vortag ein unverschämter Tourist unter der Schutzsperre von Te Matua Ngahere durchgezwängt habe. „Und da stand er dann", empörte sich der Mann, „und grinste blöd in die Kamera, *grinste* mit Schnittwunden im Gesicht und schlammverschmiertem Hosenboden!" Ich spürte, dass dies nicht der rechte Augenblick war, um mein Anliegen bezüglich Tane Mahuta vorzubringen, und drückte mich unauffällig an ihm vorbei, ehe er die verräterischen Kratz- und Schlammspuren meiner Heldentat bemerkte. Meine Zurückhaltung wurde belohnt. Am gleichen Nachmittag erfuhr ich, dass Stephen King, der Ökologe, gerade am Tane Mahuta weilte und bereit war, sich von mir neben dem Stamm ablichten zu lassen.

Tane Mahuta hat zwar einen geringeren Stammumfang als Te Matua Ngahere, übertrifft ihn aber (mit 45 Metern von den Wurzeln bis zum Wipfel und entsprechend breiteren Ästen) in jeder anderen Hinsicht. In 25 Metern Höhe befindet sich ebenfalls ein Dschungelreich aus Moosen, Farnen und Schlinggewächsen – und ein weiterer Arbeitsplatz von Stephen King. Leider brachte ich nicht wie er den Mut auf, mich dem Seil anzuvertrauen. Allerdings war er diesen Nachmittag sowieso hier unten damit beschäftigt, die Schäden zu beseitigen, die der starke Regen den Wurzeln zugefügt hatte. Er war barfuß, in Braun gekleidet und erinnerte eher an einen Waldkobold als an Tarzan. Nachdem das Foto von Tane Mahuta (links) entwickelt war, musste ich leider erkennen, dass sich der Kobold kaum gegen den Stamm abhob.

Die Hyäne und die Baobabs

Lange bevor Afrika von europäischen Entdeckern erschlossen wurde, hatte die Nachricht von der Existenz des Baobabs oder Affenbrotbaums die Welt der Wissenschaft in Erstaunen versetzt. Der französische Naturforscher Michel Adanson war auf den Kapverdischen Inseln vor der Küste Westafrikas auf ein Exemplar des Baumes gestoßen. Er beschrieb die enormen Ausmaße (doppelt so groß wie jeder europäische Baum), das bizarre Aussehen (mehr ein Flaschenkürbis als ein Baum) und das außerordentlich weiche, markähnliche Holz, von dem ein durstiger Elefant Stücke abreißen und kauen kann. Carl von Linné, der schwedische Graf und Guru aller Naturgelehrten des 18. Jahrhunderts, ehrte Adanson, indem er die Baumart nach ihm benannte. Aber bis heute gibt *Adansonia digitata*, der afrikanische Baobab, den Wissenschaftlern Rätsel auf.

Man trifft in 20 afrikanischen Ländern südlich der Sahara Baobabs von wahrhaft elefantenartigen Ausmaßen an. Wahrscheinlich gibt es gegenwärtig Tausende von Riesen-Baobabs, die sich über die ausgedörrten Dornsavannen und südafrikanischen Buschvelds erheben. Aber niemand kann genau sagen, wie viele Jahrtausende die älteren Exemplare wirklich zählen. Das liegt zum einen daran, dass sie hohl sind wie die meisten alten Bäume. Erschwerend kommt hinzu, dass die Jahresringe, die sich nahe der Rinde erhalten haben, so dünn sind, dass die Botaniker sie unmöglich zählen können. Auch die Fortpflanzung der Baobabs ist mehr als geheimnisvoll. Werden sie von Fledermäusen oder anderen Geschöpfen befruchtet? Und welchen anderen Baum außer dem Baobab umgibt der Ruf, dass er sich urplötzlich in Nichts auflösen kann, verzehrt von spontan auflodernden Flammen?

So ist es kein Wunder, dass sich eine Fülle von Mythen und Legenden um den Baum rankt. Nach dem Glauben vieler afrikanischer Völker beherbergt er die Geister ihrer Ahnen. (Als daher um 1960 in Sambia mehrere Baobabs im Speichersee des neu erbauten Kariba-Staudamms versinken sollten, brachten die Bewohner ihre Ahnengeister in Sicherheit, indem sie Äste von den gefährdeten Bäumen abbrachen und an neuen Baobabs außerhalb der Gefahrenzone befestigten.) In der Schöpfungslegende Afrikas gilt der Baobab als „der Kopf stehende Baum“: Als der Große Geist die Welt erschuf, teilte er jedem Tier seinen eigenen Baum zu. Die Hyäne erhielt den Baobab und schleuderte ihn voller Abscheu von sich. Er fiel verkehrt herum zu Boden und streckte fortan seine Wurzeln wie Zweige in die Luft.

Links: Baobabs auf der Insel Khubu, Botsuana.

Links: Green's Baobab, Botsuana.

Unten: Rindengraffiti, darunter „Green's Expedition 1858". Livingstone verewigte sich nicht.

1998 erhielt ich die Gelegenheit, den Standpunkt der Hyäne persönlich zu überprüfen. Wir machten uns auf den Weg, je zwei Mann in einem Kleinflugzeug und einem Geländewagen, um einige der größten und prächtigsten Baobabs in Botsuana zu besichtigen – insbesondere ein Exemplar, in das angeblich der berühmte Missionar und Entdecker Dr. Livingstone seine Initialen eingeritzt hatte.

Der erste hieß „Green's Tree", benannt nach einem Entdecker, dessen Expedition im Jahr 1858 hier vorübergekommen war. Wir fanden ihn auf Anhieb, da Green sich mit der Inschrift „Green's Expedition 1858" in der rosa Rinde an der Unterseite des Baumes verewigt hatte. Man kann ihm zugute halten, dass ein Mann, der unter Lebensgefahr die Grenzen der Kalahari erforscht, auch ein wenig damit prahlen und seinen Namen in den einen oder anderen Baum am Wegrand kerben darf. Aber er ging mit schlechtem Beispiel voran. Seine Frau und der Rest der Welt machten es ihm nach – praktisch alle außer Livingstone. Das rechne ich Livingstone hoch an. Er ist für mich ohnehin eine Art Held, weil er die Afrikaner anständiger behandelte, als es die meisten seiner europäischen Zeitgenossen taten – und nun erkannte ich zu meiner Freude, dass er auch die Bäume anständiger behandelt hatte.

Der zweite Baum hieß zu Ehren eines weiteren Pioniers „Chapman's Tree". Seine Rinde war ohne Inschriften. Er war gigantisch und atemberaubend schön, der perfekte Ruhesitz für Ahnengeister.

Ich fotografierte einen jungen Afrikaner, der im Zentrum des Baumes stand, als wolle er ihm seine Ehrerbietung erweisen. Das mächtige Oval der gebogenen Stämme erinnerte mich an „Die Kathedrale", eine Bronzeskulptur von Rodin.

Aber der Höhepunkt unseres Ausflugs sollte erst noch kommen. Unser Ziel war die Insel Khubu etwa 150 Kilometer weiter südlich, wo es dem Vernehmen nach so prachtvolle Baobabs gab, dass selbst die Hyänen ihre Freude daran hatten.

Es muss ein malerischer Anblick sein, mit einem Boot nach Khubu zu segeln und die Baobabs wie Walbuckel am Horizont auftauchen zu sehen. Aber am Rande der Kalahari dauert die Trockenperiode zehn Monate pro Jahr, und die längste Zeit besteht der größte Salzsee Botsuanas nur aus Luftspiegelungen.

Unser Geländewagen knirschte, einer frischen Reifenspur in Richtung Insel folgend, über die schimmernde Salzpfanne. (Es wäre ausgesprochen peinlich gewesen, 15 Kilometer vom Ufer entfernt stecken zu bleiben.) Über unseren Köpfen zog das Kleinflugzeug mit den beiden Kollegen vorbei, ein silbernes Spielzeug, dessen Schatten sich einen Moment lang schwarz gegen die Baobabs am Horizont abhob.

Dr. Livingstone war von den Baobabs im südlichen Afrika fasziniert. Er verglich sie mit gigantischen Rettichen, Karotten, Pastinaken. Das mag für das Festland stimmen. Aber hier auf der Insel Khubu gleichen die Baobabs eher Tieren als Gemüse – Meeresgeschöpfen vor allem: Walen, Nilpferden (bezeichnenderweise heißt *khubu* in der Sprache der Tswana „Nilpferd") oder Seeungeheuern. Wie immer man sie nennen mag, sie sind Wunder der Natur. Es gibt praktisch keinen Humus auf der Insel Khubu. Sie wachsen und gedeihen auf glattem rosa Granit.

Wir schlugen unsere Zelte unter Bäumen auf, von denen nichts Bedrohliches ausging. „Kümmere dich nicht um die Inselhyäne", hatten meine Freunde gesagt. „Wenn deine Beine nachts gut im Zelt verstaut sind, denkt sie nicht im Traum daran, dich anzuknabbern!" Ich verstaute meine Beine nachts gut im Zelt, machte aber kaum ein Auge zu. Zweimal weckte mich das Gelächter einer Hyäne, was ich nicht besonders lustig fand.

Bei Sonnenuntergang schien die Haut der Baobabs geradezu zu leuchten, als sie, wie die Granitfelsen zu ihren Füßen, von Rosa in ein kräftiges Zinnoberrot überging. Am Tag darauf drang die Hitze mit der Gewalt eines Schmiedehammers auf die Felsen und Bäume ein. Obwohl Frühherbst war, die Jahreszeit der Früchte, hingen keine Früchte an den Ästen. Die hellgrünen, wie eine gespreizte Hand (daher die Bezeichnung *digitata*) geformten Blätter begannen bereits zu welken und abzufallen. In den 90er-Jahren hatten – offenbar infolge der globalen Erwärmung – mehrere ungewöhnlich lange Dürreperioden das südliche Afrika heimgesucht. Sie machten deutlich, dass selbst dem Khubu-Baobab, jenem aus den Felsen sprießenden Wundergeschöpf, gewisse Grenzen der Duldsamkeit gesetzt sind.

Als der Schatten des Flugzeugs über die schimmernde Salzpfanne huschte (diesmal durfte ich mit dem silbernen Spielzeug fliegen), überkam mich ein bedrückender Gedanke. Werden die Baobabs in den nächsten 20 Jahren, wenn die Erwärmung der Erde immer weiter fortschreitet, Khubu den Hyänen überlassen?

Oben: Chapman's Baobab, Botsuana.

Rechts: Ausschnitt der fünf Stämme, die an Rodins Skulptur „Die Kathedrale" erinnern.

AFRIKANISCHER BAOBAB

Adansonia digitata

▶**Heimat** Südliches Afrika, Madagaskar, in Trockenwäldern und Savannen

▶**Botanische Einordnung** Bombacaceae (Affenbrotbaumgewächse, diese Familie wird neuerdings in die Malvaceae eingeschlossen)

▶**Vermehrung** Durch Samen

▶**Früchte** Ähneln Kakaofrüchten, hartschalig mit weichem Fruchtfleisch, darin große, hartschalige Samen

▶**Verwertung** Nahezu alle Teile, aus dem Rindenbast werden Seile gefertigt, Fruchtmus und fetthaltige Samen werden gegessen.

GÖTTINNEN

Tritt ein in diesen Zauberwald
Mit festem Schritt.
Nichts regt sich unterm Blätterdach …
Bringst Mut du mit.
Doch wenn du im Dunkel zagst,
Lauern tausend Augenpaare
Und so manche Schreckgestalt
Lässt zu Berge stehn die Haare.
Tritt ein in diesen Zauberwald
Mit festem Schritt.

George Meredith, The Woods of Westermain

Die Rettung der Mutter-Göttin

1994 herrschte in dem kleinen Ort Santa Maria del Tule nahe der Stadt Oaxaca im südlichen Hochland Mexikos helle Aufregung. Die berühmte Mexikanische Sumpfzypresse „El Arbol" (Der Baum), unter dem sich die Bewohner abends trafen und die Neuigkeiten des Tages austauschten, der Baum, der sämtliche Rekorde in puncto Umfang übertraf, das Symbol ihrer Macht und ihres Stolzes vor der spanischen Eroberung im 16. Jahrhundert – dieser Baum schien dem Tod geweiht.

Drei Kapazitäten von den Königlichen Botanischen Gärten in Kew bei London wurden eigens ins Land geholt und zu Rate gezogen. Sie untersuchten die Mexikanische Sumpfzypresse *(Taxodium mucronatum)* mit ihren 43 Metern Höhe und dem unglaublichen Umfang von 58 Metern und schüttelten die Köpfe. Einst hatten sich die mächtigen Äste, verschlungen und gewölbt wie die Rippen einer gotischen Kathedrale, in üppig grünen Bögen bis zum Boden geneigt. Nun färbten sich die Nadeln bereits im Frühjahr gelb und überall lagen dürre Zweige verstreut.

Was dem Baum so dringend fehlte, war Wasser. Zu diesem Schluss gelangten die Experten von Kew. *Tule* bedeutet im Dialekt der einheimischen Zapoteken „Sumpf", und Jahrhunderte vor der Ankunft der Spanier hatte die Zypresse in einem Sumpf gestanden, der von zwei lokalen Flüssen gespeist wurde. Dann hatte man den Sumpf entwässert, gegenüber dem Baumriesen (und vermutlich auf dem Fundament eines Zapotekentempels) eine Marienkirche erbaut, Gärten angelegt – und im Nu blühte ein Kolonialstädtchen auf, in dem die Indianer der Umgebung Strohhüte, bunte Webstoffe und (wohl eher heimlich) Figuren der alten Götter verkauften.

Gebt dem Baum genügend Wasser, leitet den Verkehr um und haltet die Touristen auf Abstand, lauteten die schlichten Ratschläge der Fachleute. Man befolgte sie, und die Patientin begann sich zu erholen. Als ich El Arbol im Dezember 2001 besuchte, hatte man die abgestorbenen Äste sorgfältig entfernt, und ein Teil der weiß gekalkten Schnittflächen verheilte allmählich. Der Baum, obgleich geschwächt und verstümmelt, strahlt immer noch Kraft aus. Und in der Tat könnte man die Taxodiaceae, zu denen er gehört, als die eindrucksvollste aller botanischen Familien bezeichnen. Die kalifornischen Verwandten der Mexikanischen Sumpfzypresse – der Küstenmammutbaum *(Sequoia sempervirens)* und der Bergmammutbaum *(Sequoiadendron giganteum)* – sind die höchsten beziehungsweise mächtigsten Bäume der Erde. Aber die Montezuma-Zypresse in Tule hat etwas Numinoses an sich. In Kalifornien kann man einen Bergmammutbaum umarmen und sich an die weiche rosa Borke eines Stamms schmiegen, der sich hoch droben im Nebel verliert. Hier in Tule ist es El Arbol, von dem man mit riesigen nackten braunen Armen und einer leuchtend grünen Mähne umfangen wird, eine Mutter-Göttin aus den Tagen der Zapoteken, die uns Menschen zerdrücken könnte wie Asseln, wenn sie nur fest genug zupackte.

Aber nicht nur die Zukunft, auch die Vergangenheit von El Arbol ist Gegenstand leidenschaftlicher Debatten. Zwei Fragen tauchen immer wieder auf: Ist der Baum wirklich so alt, wie es scheint? Und handelt es sich überhaupt um *einen* Baum oder um ein Geflecht aus drei Bäumen?

Zunächst sein höchst umstrittenes Alter: 2000, 3000 Jahre, behaupten Dichter, Politiker und PR-Leute – und warum nicht? Man könnte meinen, dass der mächtigste Baum der Erde auch zu den ältesten zählt. Allerdings wirkt seine Rinde nicht übermäßig alt und verschrumpelt.

Vorhergehende Seite: Mexikanische Sumpfzypresse in Tule, Oaxaca, Mexiko (Anblick von Südosten).

Rechts: Südostansicht der Tule-Sumpfzypresse.

Rechts: Gesamtansicht der Sumpfzypresse und der Kirche Santa Maria del Tule.

Zudem kann die Art in feuchtwarmen Sommern extrem schnell wachsen. Einer Zapoteken-Legende nach wurde der Baum vor 1400 Jahren von Pechocha, einem Diener des aztekischen Sturmgottes Ehecatl, für die Menschen von Tule gepflanzt. Erstaunlicherweise kommen manche Wissenschaftler auf die gleiche Zahl. In den frühen 1920er-Jahren verbrachte der Botaniker Casiano Conzatti ein ganzes Jahr damit, El Arbol zu untersuchen und die Jahresringe an den Stämmen anderer, in der näheren Umgebung gefällter Sumpfzypressen zu zählen. Er kam zu dem Schluss, der Baum müsse zwischen 1433 und 1600 Jahre alt sein. Nicht schlecht!

Zum anderen muss die ketzerische Frage erlaubt sein, ob sich hier drei Bäume als ein einziger ausgeben. Die Kontroverse reicht mindestens bis zu Alexander von Humboldt zurück, der Mexiko im Jahr 1803 bereiste und später in seinem *Politischen Aufsatz über das Königreich Neuspanien* schrieb:

> In dem Dorfe Santa Maria del Tule ... gibt es einen enormen *sabino* [Zypresse], dessen Stamm einen Umfang von 36 Metern aufweist. Dieser alte Baum ist noch dicker ... als die Drachenbäume der Kanarischen Inseln und sämtliche Baobabs (Adansonia) Afrikas. Doch aus der Nähe betrachtet ... ist dieser *sabino*, welcher Reisende so sehr in Erstaunen versetzt, kein einzelner Baum, sondern eine Gruppe aus drei zusammengewachsenen Stämmen.

Heute lässt sich Humboldts ehrenrührige Behauptung zumindest teilweise entkräften. Eine jüngst durchgeführte DNS-Analyse beweist, dass El Arbol aus genetischer Sicht ein Einzelgeschöpf ist und nicht von drei verschiedenen Sämlingen abstammt. Aber können diese drei Stämme mit identischen Genen nicht einer einzigen Wurzel entspringen? Doch müsste man El Arbol dann nach Ansicht einiger Experten den Preis als dicksten Baum der Welt aberkennen.

„Na, und?", dachte ich, als ich letzten Dezember unter seinen ausladenden Armen stand, berauscht von seiner Schönheit. „Na, und?" Schließlich ist es das Privileg der Götter, drei Naturen zu besitzen, drei Gestalten in einer oder eine in dreien zu sein.

Jeder Dummkopf kann einen Eukalyptus besteigen

Etwa 400 Kilometer südlich von Perth, in der feuchtesten und grünsten Ecke Westaustraliens, breiteten sich einst einige der prächtigsten Wälder der Erde aus: Viele zehntausend Hektar Land mit hoch aufragenden, in der Sprache der Aborigines *Karri* genannten Eukalyptusbäumen. Aus den meisten dieser Wälder wurde Ackerland und aus den meisten großen Bäumen Bauholz für die Häuser von Perth. Aber zumindest ein paar der ältesten und mächtigsten Bäume haben im Schutz von Nationalparks überlebt. Botaniker nennen sie in Anspielung auf die Farbunterschiede ihrer Blätter *Eucalyptus diversicolor*. Ich finde allerdings, dass die zarte Marmorierung des Stamms, die ausladende Krone sowie die gewaltige Größe (manche Bäume erreichen eine Höhe von fast 100 Metern) den Karri zum Aristokraten unter den 600 Eukalyptusarten machen.

1998 besuchte ich „The Four Aces", vier besonders hohe und schön geformte Exemplare. Noch angemessener wäre der Name „The Four Graces" – die Vier Grazien. Sie erheben sich auf einer Lichtung neben einem kleinen Fluss. Ganz in der Nähe wird Wein angebaut. Es ist eine arkadische Landschaft. Die Sonne stand tief, als ich sie endlich gefunden hatte. Die Helligkeit reichte gerade noch für eine Aufnahme, aber ein Passant verriet mir, dass es ganz in der Nähe drei weitere riesige Karris gab: „*Die* können Sie sogar besteigen." Ich hielt das zunächst für einen Witz. Dann erfuhr ich von einem Freund, dass die drei Karris bis vor kurzem als Hochsitze für die Beobachtung von Waldbränden gedient hatten und nun zu den Touristenattraktionen Westaustraliens zählten. „Warum probierst du's nicht? Jeder Dummkopf kann einen Eukalyptus besteigen. Und jeder darf es, bis hin zur Oma. Du kriegst sogar eine Urkunde, wenn du es schaffst." Schon drei Jahre später, im November 2001, wagte ich es und machte mich an den Aufstieg.

Die höchste Beobachtungsstation ist der 63 Meter hohe Gloucester Tree. Seine in den lebenden Stamm gedroschene Wendeltreppe aus Stahl verlor sich im Blätterdach hoch über meinem Kopf. Ich erklomm sie langsam und würdevoll. Der Blick von der oberen Aussichtsplattform wurde durch tief hängende Wolken getrübt. Aber die Lust auf eine längere Verweildauer verging mir, als ich weit unten eine Schar älterer Damen entschlossen auf den Baum zumarschieren sah.

Wieder auf festem Boden angelangt, erfuhr ich von einem Ranger, dass sie keine Urkunden mehr ausstellten, weil der Aufstieg viel zu leicht sei. „Aber doch nicht für alle", wandte ich verzweifelt ein. „Insgesamt drei Todesfälle, seit ich hier bin", meinte der Ranger. „Alles Männer. Einer fiel droben tot um, einer stürzte ab und einer starb im Bus. Jedes Mal Herzversagen. Hätte überall passieren können."

Und jedem. Es war ein Wunder, dass ich das Abenteuer lebend überstanden hatte.

Rechts: „The Four Aces", Westaustralien, bei Sonnenuntergang. Hätten die majestätischen Karris nicht den Namen „The Four Graces" („Die vier Grazien") verdient?

Unten: Der Gloucester Tree, Westaustralien. Ich schicke mich gerade an, die stählerne Wendeltreppe zu bezwingen.

Die Köpfe in den Wolken – Mammutbäume

Rechts: Küstenmammutbäume im Jedediah Smith State Park, Kalifornien.

Charles Sargent, der temperamentvolle Direktor des Arnold Arboretums in Boston, erklärte einmal, der Küstenmammutbaum Kaliforniens sei der prachtvollste aller Nadelbäume und seine Bestände bildeten die imposantesten immergrünen Wälder in ganz Amerika. Ich glaube, Sargent hatte Recht – zumindest mit den Wäldern.

Ehe das Land erschlossen wurde, gab es 800 000 Hektar unberührte Mammutbaumwälder, die sich 800 Kilometer entlang der Nebelküste nördlich von Monterey bis an die Grenze von Oregon erstreckten. Das rote Holz zog die Siedler unwiderstehlich an: Es war billig, schön und allem Anschein nach unerschöpflich. Ganz San Francisco wurde damit erbaut. Von den einstigen Urwäldern haben kaum mehr als drei Prozent überlebt, die heute alle als Naturreservate ausgewiesen sind. Die Verteidigung dieser Restbestände gegen die Gier der Holzkonzerne hat sich als eine homerische Aufgabe der Umweltschützer erwiesen – ein seit mehr als einem Jahrhundert währender Krieg der Riesen, begonnen von John Muir, weitergeführt durch die Save-the-Redwoods-League und bis heute fortgesetzt von mutigen Aktivisten wie Julia „Butterfly" Hill, dem Mädchen, das zwei Jahre lang in 60 Metern Höhe auf einem Mammutbaum lebte.

Die Restbestände sind immer noch ein Wunder. Aber wie stellt man es an, mehr als nur die Füße der Riesen zu fotografieren? Ihre Köpfe verschwinden häufig in den Wolken oder in den dichten Nebelbänken, die vom Pazifik heranwogen. Und selbst bei strahlend blauem Himmel verlieren sich ihre Wipfel jenseits des dichten Kronengeflechts. Aber die Experten haben sie mit Seilen erklommen und mit Lasern vermessen und sie können uns auf eine Dezimalstelle genau sagen, welcher der Giganten der höchste Baum der Welt ist.

Der gegenwärtige Champion misst 112,3 Meter, trägt den stolzen Namen „Stratosphere Giant" und wird mitunter etwas vollmundig als „höchstes bisher bekanntes Lebewesen der Erde" bezeichnet. Sein Entdecker war ein junger Wissenschaftler namens Steve Silett, der sich in den 90er-Jahren auf die dünne Luft der Mammutbaumkronen spezialisiert hatte. Er und andere aus der Zunft der Riesenbaum-Jäger machten 25 etwa 110 Meter hohe Mammutbäume aus, von denen allein 18 in einem Teil des Humboldt State Park stehen. Der Titel ist schwer umkämpft, fast täglich gibt es einen neuen Sieger. Es gibt 86 Mammutbäume, die über 105 Meter hoch sind, und viele wachsen schneller als Bohnenstängel. Aber welches Exemplar den Wettbewerb auch gewinnt, es wird immer ein Küstenmammutbaum sein. Man weiß seit geraumer Zeit, dass der Abstand zu den unmittelbaren Verfolgern, einer Eukalyptusart und der Douglasie, beträchtlich ist. Noch etwas kürzer, dafür mit breiterer Krone und dickerem Stamm, ist der Bergmammutbaum, der in den kalifornischen Sierras 300 Kilometer weiter landeinwärts gedeiht.

Ich fuhr an einem trüben Novembertag durch den Humboldt State Park, und mein Puls ging schneller. Irgendwo weit über mir verbarg sich der alte Stratosphere Giant im Regen und Nebel, Kopf und Schultern höher als ein 30-stöckiger Wolkenkratzer. Einzeln betrachtet sind die Küstenmammutbäume, was immer Sargent sagen mag, nicht so eindrucksvoll wie die Bergmammutbäume

in den Sierras. Aber als immergrüner Wald strahlen sie einen mächtigen Zauber aus, und die braunen Stämme, die wie Riesenfüße durch die weitläufigen flachen Sümpfe aus Sauerklee und Schwertfarn zu marschieren scheinen, besitzen eine geradezu hypnotische Anziehungskraft.

Ein Wald von Göttinnen? Wohl nicht hier unten im Humboldt State Park. Weiter im Norden, die Küste entlang in Richtung Oregon, wirken die Wälder noch magischer – üppiger (weil es hier mehr regnet) und eingebettet in eine malerische Kulisse aus weichen Hügeln und tiefen Schluchten.

Das erste Foto entstand im Jedediah Smith State Park – einem wunderbar ursprünglichen Waldgebiet am Rande der alten Holzfällersiedlung Crescent City. Selbst hier haben Sommerdürren und Waldbrände ihren Tribut gefordert. Aber die Küstenmammutbäume können sich im Gegensatz zu ihren Verwandten in den Sierras und den meisten anderen Koniferen rasch regenerieren, sodass der Wald voll von Jungbäumen und Stockausschlägen ist, die aus den geschwärzten Stümpfen sprießen.

Die zweite Aufnahme zeigt ein recht eigenwilliges Exemplar des Küstenmammutbaums, den „Corkscrew Tree“ (Korkenzieherbaum) im Prairie Creek State Park. Ich weiß nicht, wie viele andere Waldgöttinnen sich drehen und winden. Aber ich fand den Anblick romantisch – die Blattgirlanden der Schösslinge, die aus dem alten, verdrillten Stamm treiben, während sich zwei jüngere Bäume, ein Hemlock und ein gelb bemooster Großblättriger Ahorn, ehrfurchtsvoll verneigen.

Oben: Stammfuss eines Küstenmammutbaums im Jedediah State Park, Kalifornien.

Rechts: Der „Corkscrew Tree“, ein Küstenmammutbaum im Prairie Creek State Park, Kalifornien.

Nektar auf das Repräsentantenhaus

Rechts: „House of Representatives“ – eine Gruppe von Bergmammutbäumen im Sequoia National Park, Kalifornien.

Komisch, mag der Leser denken, was sucht ein Haufen opportunistischer Politiker in einem Kapitel mit der Überschrift „Göttinnen“? Aber das ist nicht meine Schuld. Diese Gruppe von Bergmammutbäumen hat etwas erhaben Weibliches: zimtfarbene Titaninnen, die 60 Meter in den Himmel ragen, um die Taille 12 bis 15 Meter stark, die kräftigen Arme mit Girlanden aus leuchtendem Grün umwunden. Es waren männliche Politiker, die sie im vorigen Jahrhundert aus purer Eitelkeit „The House“ nannten, um dem amerikanischen Repräsentantenhaus ein Denkmal zu setzen.

Und das kam so: Nachdem die Umweltschützer, inspiriert von einem schottischen Einwanderer namens John Muir, 30 Jahre lang gegen die Pforten der Macht in Washington gehämmert hatten, gelang es ihnen, die meisten „Groves“ – so nennt man die in isolierten Tälern wachsenden Bestände des Bergmammutbaums *(Sequoiadendron giganteum)* – vor den Äxten und Sägen der Holzkonzerne zu bewahren. Der Wald, in dem sich dieser spezielle Grove befindet, wurde 1890 unter dem Namen Sequoia National Park für die Nachwelt gerettet. Teddy Roosevelt, der Bären jagende Präsident, unterstützte das Anliegen bereitwillig. Und die Politiker fanden ihre Großzügigkeit auf Kosten der Steuerzahler so überwältigend, dass sie den schönsten Bäumen politische Namen wie „The President“, „The Senate“, „The House“ und so fort gaben.

Ich hatte das Glück, den Wald eines Morgens im März tief verschneit anzutreffen. Die Riesenbäume stehen in der prickelnden Luft der knapp 2000 Meter hohen Snowy Mountains der Sierra Nevada, auf der Pazifikseite der Rockies in Kalifornien. Im Frühjahr wechseln sich hier Regen und Sonnenschein ab. Im Winter sind die Baumwurzeln von Schneewächten gestützt. Man kommt sich vor wie im Paradies.

Aber auch diese Bäume bleiben vor den Waldbränden der heißen, trockenen Jahreszeit nicht verschont. Man sieht die Spuren, Wunden, die sich tief ins Kernholz der Riesen gefressen haben, trotz des feuerfesten Tannins in ihren Adern und ihrer asbestähnlichen Borke. Manchmal brennt ein alter Baum an einem Steilhang, an dessen Bergseite sich dürre Äste verfangen haben, zu einer Ruine aus, und die Park-Ranger greifen nicht ein. Sie haben ihre Lektion gelernt. Besser ein begrenztes, von einem Blitz ausgelöstes Wildfeuer oder ein kleines kontrolliertes Feuer, um das Gestrüpp am Fuß der mächtigen Stämme zu beseitigen, als eine spätere Katastrophe. Waldbrände sorgen außerdem dafür, dass sich die Bergmammutbäume vermehren können (obwohl vielleicht nur ein Nachfolger pro Jahrtausend nötig ist). Sie vernichten die konkurrierenden Schösslinge von Kiefern und Fichten, die eine dünnere Rinde und brennbare Harze anstatt des Tannins besitzen, und bereiten den Samen, die von den erhitzten Zapfen hoch droben in der Krone ausgeschleudert werden, ein Keimbett aus Asche.

Aber diese kleinen Brände brechen nur im Sommer aus, wenn es im Park von Rangern und Ausflüglern wimmelt. Im März, wenn der Park leer ist und die Sonne durch den Nebel scheint, kann man im Schnee zu Füßen der Titaninnen stehen und sich selbst wie ein Gott fühlen – ein Gott, der ein Glas Nektar zu viel getrunken hat.

Der Junggeselle und die Drei Grazien

Links: Der Junggeselle und Die Drei Grazien, Yosemite National Park, Kalifornien.

Gleich hinter dem Südeingang des Yosemite National Park in Kalifornien findet man den prächtigen Mariposa Grove – eine sonderbare Bezeichnung für einen Wald von 500-Tonnen-Giganten, wenn man bedenkt, dass *mariposa* im Spanischen „Schmetterling" heißt. Aber zu Beginn des 19. Jahrhunderts hatten spanische und mexikanische Entdecker diesen Namen einer Siedlung in den romantischen Kiefernwäldern an den unteren Hängen der Sierras gegeben. Damals waren die Mammutbäume noch droben in den schwer zugänglichen Bergen verborgen und nur die Indianer wussten von ihrer Existenz. Der erste Bestand (bei Calaveras 80 Kilometer nördlich von Mariposa) wurde von den Europäern 1852 entdeckt, ein Jahrzehnt, nachdem die Mexikaner Kalifornien an die USA verloren hatten. Und irgendwie scheint der Name doch angebracht. Viele der Bäume im Mariposa Grove sind ausgesprochen elegant, insbesondere die Vierergruppe, die unter der Bezeichnung „The Bachelor and the Three Graces" (Der Junggeselle und die Drei Grazien) bekannt ist.

Die Aufnahme entstand Mitte November nach dem ersten Wintereinbruch. Die Sonne wärmte kaum hier oben in fast 2000 Meter Höhe und der Wald war still und menschenleer. Im Sommer quillt der Park von Touristen über. Verständlicherweise rückt jedes Jahr die halbe Welt an, um einen Blick auf die Wunder dieser Gegend zu werfen: die tiefen Schluchten und die gewaltigen Wasserfälle. Diese Bewunderung ist nicht neu. Einer der ersten Weißen, der sich von Yosemite fasziniert zeigte, war Präsident Lincoln, der 1864 hier Station machte und Mariposa Grove ebenso wie das Yosemite-Tal zum staatlichen Naturschutzgebiet erklärte. Bereits in den 1880ern gab es in Mariposa den „berühmtesten Baum der Welt" – den „Wawona-Baum", in den man einen breiten Tunnel geschlagen hatte, damit Postkutschen durch seinen „Bauch" fahren konnten. Heute ist diese Art der Hommage an Baumriesen aus der Mode gekommen, aber damals galt sie als wirkungsvolle Reklame für die Kampagne zur Rettung der Küsten- und Bergmammutbäume vor den Äxten der Holzfäller. 1890 wurde das Yosemite-Tal zum Nationalpark erklärt, dem man einige Jahre später Mariposa Grove angliederte.

Zum Glück blieben der Junggeselle und die Drei Grazien weitgehend unbehelligt. Ihren eleganten Wuchs verdanken sie unter anderem der Tatsache, dass sie weder besonders groß noch besonders alt sind, zumindest nicht im Vergleich zu anderen Bergmammutbäumen. Tatsächlich stehen der Junggeselle und die Drei Grazien noch in der Blüte ihrer Jugend. Davon zeugen die rötlich graue Borke, ihre üppigen Kurven und die leuchtend grünen Mähnen. Keiner kennt ihr genaues Alter, aber ich schätze, dass es kaum 700 Jahre her ist, seit sie ihren Flirt an diesem herrlichen Hang begonnen haben.

GRIZZLIES

Ein kalifornisches Lied ...
Ein Chor von Dryaden, verklingend, scheidend, oder Hamadryaden, scheidend,
Ein mächtiges schicksalsschweres Raunen aus der Tiefe von Erde und Himmel,
Stimme eines sterbenden Mammutbaums aus dem Waldesdickicht.
Lebt wohl, meine Brüder!
Lebt wohl, o Erde und Himmel, lebt wohl, Gewässer, ihr Nachbarn mein,
Die Zeit ist gekommen, mein Ende naht.

Walt Whitman, Lied des Mammutbaums

Riesenlebensbäume und Totempfähle

In Tolkiens *Der Herr der Ringe* reißen die „Ents" – gigantische Wesen, halb Mensch, halb Baum – die Festung des bösen Zauberers Saruman mithilfe ihrer Wurzeln nieder, weil sie es satt haben, dass er ständig Bäume fällt. Gäbe es doch noch ein paar Ents! Aber immerhin haben wir den Riesenlebensbaum *(Thuja plicata)*. Kein anderer Baum verbindet einen derart stattlichen Wuchs mit einer so Schwindel erregenden Höhe. Kein Wunder, dass die Indianer aus besonders mächtigen Exemplaren ihre Totempfähle schnitzten.

Für die Indianer war dieser Baum, dessen aromatisches, rotes Holz unverwüstlich zu sein schien, im Krieg wie im Frieden unentbehrlich: Er lieferte die Rahmen für ihre Kampfboote und die Stützen für ihre Wigwams, aus seinem Wurzelwerk entstanden Körbe, Schüsseln und Angelgerät. Zum Leidwesen der Indianer und des Baums eignete sich das Holz auch hervorragend zum Bau von europäischen Häusern, und so vernichteten die weißen Siedler die Wälder aus Riesenlebensbäumen, die sich 1500 Kilometer entlang der niederschlagsreichen Pazifikküste erstreckten. Die meisten Bäume, die man heute antrifft, sind relativ jung. (Um den aromatischen, an Rainfarn erinnernden Duft alter Riesenlebensbäume zu erleben, muss man sich über die Grenze nach Kanada begeben, aber auch hier schwinden die Urwälder rasch.) Dennoch haben vereinzelte Giganten überlebt, meist in küstennahen Nationalparks und hier vor allem an den Westhängen der Olympic Mountains im Staate Washington.

So erhebt sich am Quinault Lake ein Riesenlebensbaum mit einem Volumen von 500 Kubikmetern, der erst vor kurzem als der größte seiner Art auf der ganzen Welt anerkannt wurde. Bob Van Pelt, der führende Großbaumjäger des Staates Washington, kletterte mit mir über die steile Flanke einer kleinen Schlucht zu einer sumpfigen Terrasse mit jungen Westlichen Hemlocktannen hinauf, auf die sich der alte Riese zurückgezogen hatte, bis zuletzt bedroht von den Äxten der Holzfäller.

Hat man die Terrasse erreicht, so scheint sich der Riesenlebensbaum aufzurichten wie ein mächtiger Grizzlybär – oder wie einer von Tolkiens Ents, grimmig entschlossen, Sarumans Festung niederzureißen: Ein Koloss fast ohne Rinde und mit zwei finsteren, an Grabkammern erinnernde Höhlen in seinem modrigen Stamm, der an ein grinsendes Gerippe denken lässt.

Viel einladender wirkt der Kalaloch-Riesenlebensbaum rund 50 Kilometer weiter nördlich. Er weist zwar nur das fünftgrößte Volumen auf, aber zumindest 15 Zentimeter mehr Umfang als alle seine Artgenossen. Durch bemooste Fenster sickert sanftes Licht in die Kathedrale seines Stamms. Vor Jahren keimten in sechs Metern Höhe zwei Hemlocks aus seinem Stamm, die nun ihre knochigen Wurzeln wie Strebebogen in die Tiefe strecken.

Vorhergehende Seite: Der Riesenlebensbaum am Quinault Lake im Staat Washington – einer von Tolkiens Ents?

Oben: Der Kalaloch-Riesenlebensbaum im Staat Washington weist einen Rekordumfang auf.

Rechts: Märchenhöhle – Teilansicht des Kalaloch-Riesenlebensbaums.

Ein Baum wie ein Troll

Sämtliche Wolkenkratzer-Bäume in Australien sind Eukalyptusarten: *Eucalyptus regnans* in Neusüdwales und auf Tasmanien, der Karri *(E. diversicolor)* in Westaustralien, *E. obliqua* und *E. viminalis* auf Tasmanien. Von all diesen Arten gab es früher Exemplare, die bis zu 100 Meter in den Himmel ragten, der eine oder andere *E. regnans* wurde sogar noch höher. Heute ist in ganz Australien kein einziger Baum mehr bekannt, der 100 Meter erreicht. Dafür haben die Holzfäller gesorgt. Zum Glück waren alle vier Arten in den niederschlagsreicheren Gebieten weit verbreitet, und so blieben zahlreiche jüngere, wenn auch nicht ganz so hohe Prachtexemplare erhalten.

Leider kann man das von *Eucalyptus jacksonii*, dem „Red Tingle", nicht behaupten. Diese Art, die zusammen mit Karris in einigen Tälern nahe der Stadt Walpole in Westaustralien gedieh, war besonders selten und deshalb auch besonders gefährdet. Sie besitzt ein hochwertiges Holz, das gern zu Möbeln verarbeitet wurde. Heute, so erfuhr ich, gibt es nur noch eine Hand voll dieser Riesen, und auch sie sind meist durch Waldbrände beschädigt.

Als ich im November 2001 nach Walpole fuhr, rechnete ich mit dem Schlimmsten. Sehr spät hat der Staat einige der letzten Exemplare unter Naturschutz gestellt. Man dringt über einen holprigen, Millionen teuren Weg ein kleines Stück in einen Wald vor, der großspurig als „Tal der Riesen" bezeichnet wird. Aber die Riesen sind fast nur Karris. Ich bekam kaum einen *E. jacksonii* vor die Linse, zumindest keinen, der ein lohnendes Motiv abgegeben hätte.

Ein paar Kilometer weiter westlich entdeckte ich eine Traktorspur mit dem Hinweisschild „The Great Tingle". Ich versprach mir nicht allzu viel, aber ich stieß auf ein kleines Wunder. Alte Eukalyptus dieser Art sind wie Trolle: knorrig hässliche, hinreißende Geschöpfe, die um Jahrhunderte älter werden können als die eleganten Karris. Ich ließ den Wagen stehen und kämpfte mich zu Fuß durch einen Wald, der Tolkien inspiriert hätte. Der Troll, auf den ich stieß, war ein Ungetüm. Er hatte in Brusthöhe einen Umfang von 20 Metern, womit er jeden Eukalyptus übertraf, den ich bisher gesehen hatte, und war infolge eines Feuers von Kopf bis Fuß gespalten. Ein mächtiger Laubschopf krönte ihn, aber der Stamm war eine gigantische, nach oben offene Höhle. Zum ersten Mal seit meiner Ankunft in Australien fühlte ich mich überwältigt. Ich kam mir vor wie Goethe, der am Fuße des Rheinfalls die Erhabenheit der Natur gespürt hatte.

Rechts: Der Rieseneukalyptus bei Walpole, Westaustralien. Nicht unbedingt der Traum eines Holzhändlers.

RED TINGLE

Eucalyptus jacksonii

▶**Heimat** Äußerster Südwesten Westaustraliens, dort mit anderen Eukalyptusarten in feuchteren Wäldern

▶**Botanische Einordnung** Myrtaceae (Myrtengewächse)

▶**Vermehrung** Durch Samen

▶**Früchte** Kugelförmige, nur 6–8 mm große, vielsamige, verholzte Kapseln mit Deckel, der bei der Reife abfällt

▶**Verwertung** Gelegentlich als Bauholz, Stämme aber oft durch Feuer rissig und hohl

Sherman und Grant – die Rivalen der Sierras

Links: General Sherman im Sequoia National Park, Kalifornien – der Sieger.

Manche Leute fragen sich, warum der mächtigste Baum der Welt ausgerechnet nach William T. Sherman benannt wurde, dem gefürchtetsten aller Unionsbefehlshaber im amerikanischen Bürgerkrieg. Nach einem Besuch im kalifornischen Sequoia National Park wüssten sie es vermutlich.

Als ich an einem tristen Novembertag zu dem 83,5 Meter hohen siegreichen General aufschaute, senkte sich eine Schneewolke und begann seine monströsen Oberarme zu verhüllen. „Jeder einzelne dieser Äste", erklärte der einheimische Führer, „ist größer als jeder *Baum* östlich des Mississippi." Ich glaube nicht, dass er übertrieb.

Er ist der überwältigendste von den Hunderten alter Bergmammutbäume, die sich über 66 Groves in den Bergen der Sierra Nevada verteilen. Seine Nachbarn verjüngen sich elegant, während sie dem Himmel entgegenstreben. General Sherman dagegen, dessen Gesamtgewicht Fachleute auf gut 1300 Tonnen schätzen, hat das brutale Aussehen eines Panzers aus dem Zweiten Weltkrieg. Der Beobachter zu seinen Füßen erhält den Eindruck, dass sich der Stamm mit seinem Umfang von über 18 Metern zwischen 10 und 45 Metern Höhe überhaupt nicht verjüngt. (Tatsache ist, dass er zwar schmaler wird, aber nur um etwa 3,5 Meter.) Sein ganzes Wesen wirkt ungeschlacht. Die grauen, von Unwettern verstümmelten Äste stehen ab wie riesige Brokkoli-Stiele. Seine gebrochene Krone endet in einem 15 Meter langen Spieß. Hätte er nicht bereits einen Titel als mächtigster Baum der Welt, könnte man ihn zum hässlichsten Baum der Welt ernennen.

Ganz anders der muskulöse Wuchs seines nördlichen Nachbarn – und Rivalen – General Grant, dem Giganten des King's Canyon National Park. Natürlich ist auch Grant schon etwas angegraut, wie sich das für einen Veteranen von mehr als tausend Wintern gehört. Aber er scheint die Last seiner Jahre mühelos zu tragen. Irgendwie blieben sein glatter Kronenkegel und der zimtfarbene obere Stamm von der Wut der Stürme verschont. Sein Laub bildet eine leuchtend grüne Kaskade. Kein Wunder, dass Präsident Lyndon B. Johnson sich für General Grant und nicht für General Sherman entschied, als er 1965 aufgefordert wurde, den „Christbaum der Nation" zu benennen.

Die Rivalität zwischen den beiden Bäumen reicht anderthalb Jahrhunderte zurück und gefährdete eine Zeit lang den Frieden zwischen zwei kalifornischen Verwaltungsbezirken. General Grant wurde 1862 entdeckt und war eindeutig der mächtigste Baum des später zum King's Canyon National Park erklärten Waldgebiets im Fresno County. General Sherman wurde 1879 im Tulare County aufgespürt, ein Überriese, der alles im späteren Sequoia National Park überragte. Aber welcher Gigant war der größere? Um einen neuen Bürgerkrieg zu vermeiden, kamen die Behörden 1921 überein, eine Gruppe von Vermessern anzuheuern und die Frage ein für alle Mal zu klären. Die sorgfältigen Berechnungen (die von modernen, mit Lasergeräten ausgerüsteten Großbaumjägern bestätigt wurden) brachten Erstaunliches an den Tag.

Keiner der beiden Konkurrenten hält den Rekord hinsichtlich Höhe oder Stammumfang unter den Mammutbäumen. Diese Titel gehen an weniger bekannte Exemplare in den Sierras. Wenn man die Höhe – Shermans 83,5 Meter gegen Grants 81,1 Meter – und den Umfang – Grants 27,7 Meter gegen Shermans 25,9 Meter – vergleicht, ist Grant nach dem komplizierten Punktesystem, das die American Forestry Association zur Bewertung von Rekordbäumen anwendet*, eigentlich mächtiger als sein Rivale (wenn auch nicht Gesamtsieger). Andererseits besitzt Sherman ein größeres Volumen (1560 Kubikmeter) als Grant (1360 Kubikmeter). Wenn man also den Baum mit dem größten Volumen zum Sieger erklärt, dann ist Sherman nicht nur Champion seiner Klasse, sondern darüber hinaus auch noch das derzeit größte Lebewesen der Erde.

Ich finde, man hat Grant betrogen.

Rechts: General Grant, der Zweitplatzierte. Wurde er betrogen?

BERG-MAMMUTBAUM

Sequoiadendron giganteum

▶**Heimat** Kalifornien, Westhänge der Sierra Nevada in 900-2700 m Höhe, in Reinbeständen oder mit anderen Nadelbäumen

▶**Botanische Einordnung** Koniferen (Nadelbäume), Familie: Cupressaceae (Zypressengewächse; früher: Taxodiaceae, diese Familie ist nach neueren Studien nicht von den Cupressaceae zu trennen)

▶**Vermehrung** Durch Samen, seltener auch durch Stecklinge

▶**Zapfen** Eiförmig, rotbraun, 4–6 cm groß, verholzt, jede Schuppe mit 3–8 geflügelten, etwa 5 mm großen Samen

▶**Verwertung** Alle Naturvorkommen sind geschützt, häufig als Zierbaum in Parks.

* Die AFA, durch diese Kontroverse in Verlegenheit gebracht, beschloss, ausnahmsweise auf ihr gewohntes Punktesystem zu verzichten, und verhalf damit Sherman zum Sieg.

Zu Füßen des Kaisers

Links: Jomon Sugi, Kaiser von Yaku – die grösste, älteste und grimmigste Sicheltanne in ganz Japan.

Als ich einem Freund in Tokio erzählte, dass ich nach Japan gekommen sei, um Ausschau nach außergewöhnlichen Bäumen zu halten, meinte er lächelnd: „Ach, wenn du nur die Insel Yaku besuchen und zu Füßen von Daio Sugi sitzen könntest!"

Daio Sugi heißt „Kaiser-Sugi", aber da es bereits eine andere alte Sicheltanne dieses Namens gibt, nennt man sie meist Jomon Sugi („Alte Sugi"). Unter dieser Bezeichnung ist sie zu einem Kultbaum in Japan geworden. Sie gilt als ältestes, mächtigstes (15 Meter Stammumfang ohne Verjüngung bis in 12 Meter Höhe) und grimmigstes Exemplar der Sicheltanne *(Cryptomeria japonica)* im ganzen Land.

Jahrhundertelang bedeckten Sicheltannen die Hänge der Gebirgskette, die sich wie ein knochiges Rückgrat durch halb Japan zieht, und lieferten das Duftholz für die Schreine und Paläste von Edo (dem heutigen Tokio) und Kyoto. Die meisten alten Bäume auf den Hauptinseln wurden längst gefällt. Heute hält man die Wälder von einst nur noch in Gemälden und Holzschnitten in Ehren. Aber auf der entlegenen Insel Yaku – bergig, subtropisch und gut 1100 Kilometer südwestlich von Tokio gelegen – entging Jomon Sugi den Äxten. Vor 30 Jahren erhielt die Insel Yaku den Status eines Welterbes, und so wurde Jomon Sugi für die Nachwelt gerettet.

Die Insel war von Regenwolken verhüllt, als ich an einem Spätnachmittag im November mit einer kleinen Turbopropmaschine dort landete. Zwei Tage später machte ich mich aber bei Sonnenschein und dampfiger Wärme auf den Weg zu Jomon Sugi. Wir folgten den Schienen einer Schmalspurbahn, die Holzfäller Jahre zuvor verlegt hatten. Der Aufstieg selbst bereitete kaum Probleme. Beim Überqueren einiger Schluchten überkam mich allerdings ein mulmiges Gefühl. Ich balancierte auf einer glitschigen Planke in der Mitte des alten Gleisbetts, ohne mich irgendwo festhalten zu können, ängstlich bemüht, keinen Blick durch die Lücken zwischen den Schwellen auf den Fluss, der tief unten vorbeischäumte, zu werfen.

Wir staunten nicht schlecht, als wir nach einer Kletterpartie von nur dreieinhalb Stunden Jomon Sugi durch den Nebel auf uns herabschauen sahen. Und wie er auf uns herabschaute: ein grimmiger Titan von einem Baum, der fast wie ein Fels aus dem sumpfigen Boden aufragte und die muskulösen Arme über ein Gewirr junger Sicheltannen und Kampferbäume ausbreitete.

Mit einem Volumen von knapp 300 Kubikmetern ist Jomon Sugi in der Tat ein Kaiser, nicht nur der größte Nadelbaum in Japan, sondern vermutlich auch größer als alle Koniferen in Europa. Japanische Wissenschaftler schließen aus Jahresring-Untersuchungen, die sie an einigen seiner Äste vorgenommen haben, dass er über 2000 Jahre alt ist. Ließe sich das noch genauer feststellen? Ich saß zu seinen Füßen im Nebel und fragte mich, ob es wohl jemand wagen würde, ein Loch durch seinen Stamm zu bohren, um sein exaktes Geburtsdatum zu bestimmen. Doch dann schämte ich mich. Wer fragt schon einen Gottkaiser nach seinem Alter?

KAPITEL ZWEI

ZWERGE

DIE FURCHT VOR KLEINEN MÄNNLEIN

Ich fürchte diese grauen Greise von Moccas,
diese grau verhutzelten, flachstirnigen, krummbeinigen,
gebeugten… bucklichten, missgestalteten Eichenmänner,
die lauernd dastehen und Jahrhundert um Jahrhundert
vorbeiziehen sehen.

Francis Kilvert, über die Moccas-Eichen, Tagebuch 1876

Nicht die Spur von Bruderliebe

Vorhergehende Seite: Ein Wacholder erträgt stoisch die Stürme auf den Höhen des Taurusgebirges in der Südtürkei.

Seiten 52–53: Westlicher Wacholder auf Granit im Yosemite National Park, Kalifornien.

Oben: Die türkische Abart der Libanonzeder teilt sich die Berghänge mit dem Wacholder.

Links: Dieser Bruder ist der Exhibitionist.

Gärtner fürchten sich nicht vor Zwergen, sondern hofieren sie sogar. Unter dem botanischen Namen *nana* (Zwerg) haben zahlreiche Bäume exotische Formen gebildet, die ihre Wurzeln gutmütig selbst dem engsten, bescheidensten Gärtchen anpassen und notfalls sogar noch Platz für einen richtigen Gartenzwerg lassen.

Draußen in der Wildnis haben Zwerge dagegen durchaus ein gebieterisches Wesen. Man spürt, dass mit ihrer Macht zu rechnen ist, wie bei den Zwergen in den schönsten Märchen. (Ich denke da eher an Tolkiens Gimli als an die sieben putzigen Männlein aus dem Disneyfilm.)

Ich wurde an dieses Durchsetzungsvermögen erinnert, als ich eines Tages im Herbst 2001 durch die südliche Türkei fuhr und im Taurusgebirge auf ein Wäldchen mit uraltem Kleinasiatischem Wacholder *(Juniperus excelsa)* stieß, das auf weißem Kalksteingeröll in 1800 Meter Höhe wuchs. Einige der Pflanzen waren nicht höher als gedrungene Büsche und ähnelten dem Gemeinen Wacholder *(Juniperus communis)*, den man auf den Berghängen der Nordhalbkugel antrifft. (Nichts gegen den Gemeinen Wacholder! Was täten wir ohne die aromatischen blauen Wacholderbeeren, die dem Gin erst die rechte Schärfe geben?) Andere dagegen hatten sich zu stattlichen Bäumen mit einem Umfang von gut fünf Metern und knorrigen, verwachsenen Stämmen entwickelt. Viele davon waren meiner Schätzung nach um die 1000 Jahre alt. (Jahresring-Untersuchungen an alten Wacholderbäumen in Nordamerika hatten zu ähnlichen Ergebnissen geführt.) Aber es waren nicht die Riesen oder die Sträucher, die mir ins Auge fielen, sondern die Zwerge – insbesondere zwei kräftige Zwerge, die an der exponiertesten Flanke des Berges wuchsen.

Beide waren von den Eisstürmen im Januar und den Glutwinden des Hochsommers ausgebleicht. Und natürlich hatten die Elemente beide verkrüppeln lassen. Dennoch bildeten sie ein völlig ungleiches Paar. Der kleinere Baum ähnelte einer orientalischen Elfenbeinschnitzerei. Stürme hatten den Stamm blank gescheuert und die Sehnen freigelegt. Nur eine schmale Arterie lebendiger Rinde verband die Wurzeln mit dem Astwerk. Doch seine Haltung war aufrecht und trotzig. Der größere Baum wirkte daneben wie ein völlig Fremder. Obwohl Unwetter einen Teil seines Stammes abgebrochen hatten, begnügte er sich nicht damit, bescheiden sein Dasein zu fristen. Stattdessen schleuderte er Arme und Beine wie in einem wilden türkischen Tanz hoch.

Das Merkwürdigste war, dass die beiden Bäume nur ein paar Meter voneinander entfernt auf dem gleichen steinigen Hang wuchsen. Sie waren vielleicht Geschwister, entstanden aus den Samen der gleichen Elternbäume. Aber natürlich nicht genetisch identisch. Das machte wohl den Unterschied zwischen ihnen aus.

Zwischen den beiden schien keine Spur von Liebe zu herrschen. Mein ganzes Mitgefühl galt dem stoischen Kleinen, der mit diesem lächerlichen Exhibitionisten von einem Bruder geschlagen war.

Begrabt mich in einer Gruft aus Granit

Rechts: Westlicher Wacholder zwischen Granitfelsen in 2800 Meter Höhe. Yosemite National Park, Kalifornien.

Ein Jahr vor meiner Reise durchs Taurusgebirge fand ich mich auf einer eisglatten Straße, die zum knapp 2800 Meter hohen Tioga Pass in der östlichen Ecke des Yosemite National Park hinaufführte. Ich hatte einige Bedenken, ob ich durchkommen würde. Es war der 3. November, und der Pass ist normalerweise ab Anfang November zugeschneit. Aber ich hatte Glück, zum einen, weil mir der Bogen von fast 1000 Kilometern um die Sierra Nevada erspart blieb, und zum anderen, weil ich ganz in der Nähe der Passhöhe einen Zwerg von einem Westlichen Wacholder *(Juniperus occidentalis)* entdeckte. Dieser amerikanische Wacholder ist dafür bekannt, auch in ariden, unwirtlichen Hochlandgebieten zu gedeihen. Aber dieser Baum hatte bei der Wahl seines Standorts eine geradezu perverse Anspruchslosigkeit bewiesen. Die subalpinen Tannen und Sierrakiefern auf den Hängen lebten im Vergleich zu diesem Exzentriker mehr als üppig. Er hatte seinen Stamm zwischen zwei Granitblöcken durchgezwängt und war kleinwüchsig und verkümmert. Warum in aller Welt hatte er sich diesen eisigen, windigen Friedhof als Lebensraum ausgesucht?

Meine Verblüffung nahm zu, als ich weitere Wacholder an den Hängen erspähte. Einer kauerte neben einem riesigen Felsblock, die Wurzeln in die Spalten der Granitplatten gekrallt (siehe Seite 52–53). Andere hatten qualvoll unbequeme Plätze zwischen den ansteigenden Granitsimsen des Cañons gewählt. Viele schienen älter als 1000 Jahre zu sein, da ihre Stämme größtenteils verrottet waren. Und alle trugen die Spuren extremer, augenscheinlich selbst auferlegter Entbehrungen.

Ich überlegte, ob diese verkrüppelten Zwerge die letzten Überlebenden von Wacholderbeständen waren, die einst diese öden Hänge bedeckt hatten. War der Rest in die Sägewerke gewandert? (Der Wacholder lässt sich zu fürstlichen Möbeln verarbeiten, da er ähnlich hartes und dichtes Holz wie die Eibe besitzt und überdies einen starken Weihrauchduft verströmt.) Ich hörte mich bei Freunden um, die den östlichen Teil des Yosemite National Park gut kennen, und erfuhr, dass die Holzfäller ausnahmsweise keine Schuld traf. Des Rätsels Lösung war, dass sich hier oben die Baumgrenze der Sierra befindet, der Übergang von Wald zu nacktem Fels. In dieser Zone sind alle Bäume nur geduldet und ergreifen die geringste Chance, die sich ihnen bietet. An den tiefer gelegenen Hängen ist der Wacholder durch seinen niedrigen Wuchs, die dünne, leicht brennbare Borke und sein Lichtbedürfnis im Nachteil. Um sich gegen die robusteren Kiefern und Tannen durchzusetzen, muss er sich verbiegen und verneigen wie ein buckliger Hofnarr. Aber hier droben, in seinem eisigen Granitgrab, wird der Hofnarr zum König.

WESTLICHER WACHOLDER

Juniperus occidentalis

- **Heimat** Washington bis Nordostkalifornien
- **Botanische Einordnung** Koniferen (Nadelbäume), Familie: Cupressaceae (Zypressengewächse)
- **Vermehrung** Durch Samen
- **Zapfen** Rundliche, bis 1 cm dicke, blaugraue „Wacholderbeeren“ mit 2–3 Samen
- **Verwertung** Ziergehölz

Die Goldbecher-Eiche vom Joshua Tree Park

Links: Eine immergrüne Cañon-Eiche in einer Gegend voller Klapperschlangen, Joshua National Park, Kalifornien.

Ich habe stets die mächtigen immergrünen Eichen im tiefen Süden der USA bewundert, die von den Einheimischen als „live oaks" bezeichnet werden. Bedeckt von zotteligem Louisiana-Moos und umschwirrt von Fledermäusen, sind sie ebenso typisch für die feuchtheiße Welt der einstigen Sklavenbesitzer wie die halb zerfallenen Herrenhäuser aus der Zeit vor dem Bürgerkrieg – nur dass viele von ihnen ein weit höheres Alter besitzen. Man stelle sich daher meine Überraschung vor, als ich eine wild wachsende immergrüne Eiche im Joshua Tree National Park entdeckte, in der glühenden Wüste Kaliforniens, sozusagen nur einen Steinwurf vom Death Valley entfernt. Gewiss, es war eine etwas andere immergrüne Eiche, die Cañon- oder Goldbecher-Eiche *(Quercus chrysolepis)* anstelle der gewöhnlichen Virginischen Eiche *(Quercus virginiana)*. Die Bruthitze des Sommers hatte den Baum beträchtlich in seinem Wachstum behindert. Aber dass er überhaupt hier in der Wüste stand, furchtlos inmitten der gelben Felsen, die wie zu groß geratene Kiesel aussahen, grenzte an ein Wunder. In meinem Reiseführer stand, dass ich mit etwas Glück mindestens eine der drei hier heimischen Klapperschlangen – Seitenwinder, Gefleckte und Mojave-Klapperschlange – sehen könnte. Zweifellos beobachteten sie mich aus jener verschrumpelten Buschgruppe, die sich um den Baum duckte: *Encelia-* und Kreosotbüsche sowie kleine, von der Dürre ausgezehrte Exemplare der gleichen Cañon-Eiche. Der Baum selbst erhob sich friedlich an die zehn Meter in den Himmel, voll ausgewachsen (was man an seiner runden Krone erkennen konnte) und perfekt in seinen Proportionen.

Worin lag sein Geheimnis? Ich wäre gern einmal im März hier, zur Zeit der spärlichen Regenfälle, wenn die Wüste in den Farben von Indian Paintbrush *(Castilleja spec.)* und Wüstenlöwenzahn *(Malacothrix glabrata)* leuchtet. Ich wette, unter meinem Baum verbirgt sich eine Quelle, die in dieser Jahreszeit aufgefüllt wird. Ich würde ihn auch gern einmal im Sommer besuchen, wenn die Eicheln reifen, denn es sind die filzigen goldenen Becher, die ihm zu seinem „sagenhaften" Namen verholfen haben.

Der Strand-Einsiedler von Monterey

In meinem ersten Buch, *Meetings with Remarkable Trees,* ließ ich meiner Fantasie ein wenig die Zügel schießen, als ich von der Monterey-Zypresse *(Cupressus macrocarpa)* behauptete, sie sei „ein Baum, den es von daheim fortzieht". Ich war beeindruckt von dem Paradoxon, dass dieser Baum fast überall besser gedeiht als in seiner Heimat in der kalifornischen Monterey-Bucht. Aber ich habe ihm wohl Unrecht getan. Um die Wahrheit zu gestehen, kannte ich die Monterey-Bucht bis dahin nur aus Büchern. Erst als ich das Glück hatte, selbst dorthin zu reisen und die Beine an ihrem herrlichen Strand auszustrecken, merkte ich, dass die wilden Zypressen voll und ganz damit zufrieden sind, das Gleiche zu tun.

Gewiss, die Bäume sind verkrüppelt durch den Wind, der geradewegs von Neuseeland herüberweht, 10 000 Kilometer über den Pazifik mit seinen brüllenden Wogen. Lediglich zwei kleine einheimische Populationen haben dieses ewige Stürmen überlebt. Der höchste Baum misst an die 15 Meter, und die meisten anderen sind zu grotesken Büschen zerfleddert. Aber pflanzt man einen Sämling einer solchen Zypresse irgendwo außerhalb der Monterey-Bucht ein, erreicht er ohne weiteres auch in Cornwall oder Irland bis zu 35 Meter Höhe und einen dem gemäßen Umfang. Selbst in meinem Garten, wo der Frost regelmäßig die schönste Magnolienblüte zerstört, überragt eine Monterey-Zypresse die bescheidenen einheimischen Kiefern.

Warum hat diese wilde Zypresse nie den Rest der Welt erobert? Nun, genau das tat sie einst. Wir wissen durch fossile Funde, dass sie in grauer Vorzeit weite Teile der gemäßigten Zonen besiedelte. Aber dann begann vor etwa einer Million Jahren die erste von vier Eiszeiten, und die Giganten der Pazifikküste – Riesenlebensbaum, Küsten- und Bergmammutbaum, Douglasie und Monterey-Zypresse – traten vor der Kälte vorübergehend den Rückzug in die sicheren Gefilde Südkaliforniens und Mexikos an. Als vor 12 000 Jahren alles vorbei war und die großen Bäume in die eisige Sierra Nevada und die feuchten Küstenstriche im Norden zurückkehrten, fehlte plötzlich die Monterey-Zypresse. Niemand weiß, warum. (Die Paläobotanik ist mitunter ebenso neblig wie die kalifornische Küste.) Fest steht nur, dass die Zypresse im Süden blieb und sich weiter an den Stränden der Monterey-Bucht sonnte. Wer wollte es ihr verdenken?

Rechts: EINE ZYPRESSE AUF DEN KÜSTENFELSEN VON MONTEREY, KALIFORNIEN.

Nächste Seite:
ZYPRESSEN AM STRAND VON MONTEREY, KALIFORNIEN. HABE ICH IHNEN UNRECHT GETAN?

MONTEREY-ZYPRESSE

Cupressus macrocarpa

▶**Heimat** Südkalifornien, nur an zwei Reliktstandorten an der Küste bei Cypress Point und Point Lobos nahe Monterey

▶**Botanische Einordnung** Koniferen (Nadelbäume), Familie: Cupressaceae (Zypressengewächse)

▶**Vermehrung** Durch Samen

▶**Zapfen** Rundlich, 2–4 cm groß, verholzt, braun, Schuppen kurz bedornt, mit je 5–20 geflügelten Samen

▶**Verwertung** Ziergehölz, in Meeresnähe als Windschutz, in warm-gemäßigtem Klima als Forstgehölz, wird dort viel höher als am Naturstandort

UNTERJOCHT

Kleiner Lorbeer, hast kaum Halt im Stein
Doch dein Geäst spannt eine Brücke
Von deiner Welt zu mir herein.
Und öffnet, Zauberstäben gleich,
Den Sinn mir für das Immergrün des Sein.

Kathleen Raine, Bäume in Trögen

Wer schön sein will, muss leiden

Als sich Japan nach dem Untergang des Schogunats im Jahre 1867 dem Ausland öffnete, entdeckte der Westen rasch seine Liebe zu den Bonsais. Die Mode, Zwergformen von Bäumen zu ziehen, indem man ihre Wurzeln in enge Gefäße zwängte, stammte eigentlich aus China, hatte sich im Nachbarland Japan aber bereits um das 14. Jahrhundert durchgesetzt. Kritiker dieser Methode gab es von Anfang an. So schrieb der berühmte Satiriker Kenko Yoshida (1283–1351): „Geschmack und Freude an seltsam verkrümmten Bäumen in Töpfen zu finden heißt das Missgestaltete lieben."

Aber die Welle der Bonsai-Manie, die Ende des 19. und zu Beginn des 20. Jahrhunderts über Japan hinwegschwappte, ließ sich nicht aufhalten. Zweifellos war die Rückkehr zu einer typisch japanischen Kunstform eine Reaktion auf die plötzliche Begeisterung für alles Westliche, und der Künstler, der sie praktizierte, kam im Gegensatz zu seinen Zwergbäumen groß heraus. Der neue Trend bewirkte, dass die Japaner Jagd auf natürliche Zwergformen machten und Berge wie den Ishizuchi oder den Fudschijama nach kleinwüchsigen Exemplaren von Sargents Wacholder oder Zierkirschen durchkämmten. Diese Bäume waren noch Geschöpfe der Wildnis, gekrümmt durch die Felsen und in ihrem Wachstum gehemmt durch Wind und Eis. Aber bald begann man solche Zwergformen künstlich nachzuahmen, und nach ein paar Jahren Gefangenschaft in flachen, engen Töpfen waren sie winziger und schienen von den Elementen der Natur noch stärker geformt als ihre natürlichen Vorbilder.

Ich habe für meine Aufnahmen zwei elegante Bonsais aus der Fernöstlichen Abteilung des Huntington Garden bei Los Angeles ausgewählt. Einer ist sogar amerikanischer Herkunft – ein Westlicher Wacholder *(Juniperus occidentalis)*, der nach japanischem Muster künstlich in eine Zwergform gebracht wurde. Bei dem anderen handelt es sich um eine Japanische Zelkove *(Zelkova serrata)*. Ich fotografierte sie beide im November, als das buchenartige Laub der Zelkove sich verfärbte und das abgefallene Blatt eines Japanischen Ahorns einen Größenmaßstab für den Wacholder lieferte.

Bonsai-Gärtner sind mit Recht stolz auf ihre Geduld und Kunstfertigkeit. Sie pressen die Wurzeln des Baums um der Schönheit willen in einen kleinen Topf oder eine flache Schale, so wie einst vornehmen Chinesinnen die Füße bandagiert wurden. Aber hier endet der Vergleich auch schon. Im Gegensatz zu den chinesischen Damen, deren Füße durch das Einschnüren für immer verkrüppelten, verleiht die Beschränkung den Bonsais eine Art ewige Jugend. Alle paar Jahre werden die älteren Wurzeln beschnitten sowie Stamm und Astwerk zurechtgestutzt. Das zwingt die Bäume, junge Wurzeln und Schösslinge zu bilden. Auf diese Weise können Bonsais ein Alter von vielen Hundert Jahren erreichen, und Experten glauben, dass ein Bonsai praktisch unsterblich ist oder zumindest Jahrtausende alt werden kann, wenn man ihn richtig zieht und beschneidet.

Dazu passt eine Anekdote über Max Beerbohm, der sich lange Zeit ein ungemein jugendliches Aussehen bewahrt hatte. Als ihn ein Bewunderer mit den Worten begrüßte: „Max, Sie haben das Geheimnis der ewigen Jugend entdeckt!", entgegnete der Literat traurig: „Nein, ich habe das Geheimnis des ewigen Alters entdeckt!"

Vorhergehende Seite: Bonsai eines Westlichen Wacholders im Huntington Garden, Kalifornien. Ist ein wenig Quälerei das Geheimnis eines langen Lebens?

Rechts: Noch ein Bonsai, der Riesen überleben könnte – eine Japanische Zelkove.

KAPITEL DREI

METHUSALEMS

DIE LEBENDEN UND DIE TOTEN

…die ältesten Kiefern ringen in gewisser Weise seit zweitausend Jahren und mehr mit dem Tod. Sie besitzen heute nur noch schmale Streifen ihrer einstigen Borke und des darunter liegenden Wachstumsgewebes. Gewiss, das Absterben dieser Lebensadern geht äußerst langsam vor sich, und einige dürften noch mindestens fünfhundert Jahre vor sich haben. Aber es ist unwahrscheinlich, dass sie sehr viel länger durchhalten.

Dr. Edmund Schulman, Entdecker des „Methuselah's Walk",
im National Geographic

Der alte Mann und der Berg

Es gibt kaum eine unheimlichere Kulisse als die knochige, ausgebleichte Mondlandschaft der kalifornischen White Mountains in 3000 Metern Höhe, wo Dr. Edmund Schulman die ältesten Bäume der Welt entdeckte.

1800 Meter tiefer liegt verödet das einst grüne Owens Valley, von der Stadt Los Angeles seines Wassers beraubt. 1200 Meter höher und 30 Kilometer Luftlinie entfernt blenden die Gipfel der Sierra Nevada das Auge mit ihren schneebedeckten Türmen und Zinnen.

Und hier im Wald der Grannenkiefern, den Dr. Schulman Methuselah's Walk taufte, steht der „Old Man" selbst, mit über 4600 Jahren der älteste lebende Baum der Welt.

Als Schulman die White-Mountains-Grannenkiefern *(Pinus longaeva)* zu untersuchen begann, war man noch der Meinung, die Bergmammutbäume seien nicht nur die größten, sondern auch die ältesten Bäume der Welt. Man hatte Tausende der Riesen gefällt, und bei vielen konnte man (da ihr Holz kaum verrottet) die Jahresringe noch problemlos bis zum Zentrum zählen. Dabei stieß man auf einige Exemplare, die über 3000 Jahre alt waren.

Schulman machte seine erstaunlichen Entdeckungen Mitte der 50er-Jahre. Mit einem schwedischen Spezialbohrer, der einen Meter lang war, aber kaum die Dicke eines Bleistifts hatte, entnahm er den Grannenkiefern eine Reihe von Radialkernen. Diese legte er später in seinem Labor unter ein Mikroskop, um die Jahresringe zu zählen. Siebzehn der Bäume erwiesen sich als über 4000 Jahre alt und noch einigermaßen lebendig.

Paradoxerweise fand Schulman keinen Zusammenhang zwischen der Größe und dem Alter der Bäume. Vielmehr scheint die Langlebigkeit bei Bäumen etwas mit Stress zu tun zu haben. (Schade, dass man von Menschen nicht das Gleiche behaupten kann. Der arme Dr. Schulman starb 49-jährig an Erschöpfung.) Die ältesten Grannenkiefern waren dem unwirtlichsten Klima ausgesetzt, das man sich nur vorstellen kann: im Winter von Eiskristallen gepeitscht oder von Schnee begraben, im Frühjahr und Sommer von der Sonne ausgedörrt. Ihre jährliche Wachstumsperiode ist auf die wenigen Wochen der Schneeschmelze beschränkt. Diese Belastung verlangsamt die Lebensuhr des Baums auf das absolute Minimum, das zum Leben nötig ist. Tatsächlich dämmern die ältesten Grannenkiefern zwischen Leben und Tod dahin. Der Hauptstamm stirbt Jahrtausende vor dem letzten seiner Äste, deren Leben buchstäblich an einem Faden hängt – dem brüchigen Borkenstreifen, der sie mit den Wurzeln verbindet.

Schulmans Fortschritte im Grenzbereich der Dendrochronologie (er und seine Nachfolger fanden in den White Mountains 9000 Jahre alte Proben von totem Holz) ließ die Archäologen aufhorchen. So stellte sich heraus, dass sie den Maßstab für die ^{14}C-Datierung zu niedrig angesetzt hatten.

Vorhergehende Seite: DER PATRIARCH ALLER GRANNENKIEFERN IN 3500 METER HÖHE – DER MÄCHTIGSTE, HÖCHSTE UND JÜNGSTE SEINER ARTGENOSSEN.

Rechts: „METHUSELAH'S WALK". EINE DER HIER ABGEBILDETEN GRANNENKIEFERN IST DER ÄLTESTE BAUM DER WELT, ABER DIE EXPERTEN VERRATEN NICHT, WELCHER.

Rechts: Der Baum rechts lebt vielleicht noch – kann aber auch schon seit 1000 Jahren tot sein.

Die vermeintlich 3500 Jahre alten Megalithen Irlands erwiesen sich so um 500 Jahre älter, als man bis dahin angenommen hatte. In einem Fall hatten Schulmans Forschungen allerdings katastrophale Folgen. Ein Geographiestudent in Utah wollte eine noch ältere Grannenkiefer als Schulmans „Old Man“ aufspüren. Er lieh sich einen Baumbohrer und entdeckte in den Snake Mountains zwischen Nevada und Utah tatsächlich einen Baum, der sich auf 4900 Jahre datieren ließ. Aber der Bohrer brach ab und blieb im Stamm stecken. Kaum zu glauben: Der zuständige Ranger gab die Erlaubnis, den Baum zu fällen, um das Bohrgerät zu retten! Heute kann man vom einst ältesten Baum der Welt nur noch eine Scheibe des Stamms in einem Spielsaloon in Nevada bewundern.

Ich bestieg den Berg, der zu Schulmans Methuselah's Walk führt, an einem eisigen Tag im Oktober 2000 – ein acht Kilometer langer Gewaltmarsch über gefrorene Geröllhalden, im Gepäck die 14 Kilogramm schwere Linhof-Kamera plus Stativ. Mir ging in der dünnen Luft auf 3000 Meter Höhe des Öfteren die Puste aus. Aber natürlich war der Anblick überwältigend. Als der Mond über den verrenkten Skeletten der Bäume aufging, kam ich mir vor wie einer der „Zwei Männer in Betrachtung des Mondes“ in dem berühmten Gemälde von Caspar David Friedrich.

Aber welcher der Veteranen war nun der „Old Man“? Klugerweise halten die Behörden seine Identität geheim. Ich habe meine Vermutung, aber ich werde mich hüten, sie preiszugeben. Das Risiko, dass ein Geographiestudent der Sache nachgeht, ist mir zu groß.

Links: Die Eiche bei Kvill in Schweden. Sieger bestenfalls nach Punkten.

Rechts: Der grüne Mann, ein heidnisches Symbol der Fruchtbarkeit, späht aus dem hohlen Stamm.

Die Kvilleken und der Grüne Mann

Ich fuhr durch das nasse Südschweden, verfolgt von Sommergewittern, umgeben von einer heiteren Landschaft mit jungen Fichten- und Kiefernwäldern und halb verborgenen Seen, um einer Stieleiche *(Quercus robur)* die Reverenz zu erweisen, die größer als all ihre Artgenossen in Europa sein sollte. Zu meiner Überraschung wurzelte das Ungetüm in überaus kargem Boden. Es erhob sich auf einer steinigen Koppel neben einem modernen Bauernhaus mit rotem Ziegeldach. Die Besitzer verdienten sich ein Zubrot durch den Ausschank von selbst gemachten Tees an schwedische Touristen, die ab und zu hier Halt machten, um die Kvilleken zu besichtigen, die große Eiche von Kvill.

Die Kvilleken beeindruckt weder durch heroische Größe noch durch göttlichen Wuchs. Sie ist mit über 15 Meter Stammumfang in Brusthöhe die dickste Eiche in ganz Europa. Aber weiter oben verjüngt sie sich rasch. Ich glaube auch nicht, dass ihre Krone je so ausladend war wie die anderer Rieseneichen, die ich in England, Frankreich und Deutschland sah. Dennoch bin ich sicher, dass sie früher einmal schön war. Heute ist sie eine stolze Ruine, hohl von oben bis unten, mit einer rostigen Kette um den Hals. Es muss Jahrzehnte her sein, seit Stürme einen Großteil ihrer Hauptarme kappten und wohlmeinende Baumexperten die Reste notdürftig mit Stahlketten zusammenflickten. Auf lange Sicht wirkt sich diese Art von Hilfe meist verheerend aus, da die Ketten tief ins Gewebe des wachsenden Baums schneiden. Dennoch ist die Kvilleken lebendig und vital – und sie vermehrt sich. Im August entdeckte ich Eicheln an einigen Zweigen, die einen gesunden Eindruck machten. Die Äste trugen dichtes Laub, das im Wind flüsterte, zustimmend, hoffe ich, als ich meine Kamera aufstellte, um sie zu porträtieren.

Und täusche ich mich, oder fing ich dabei zufällig den Grünen Mann ein, halb verborgen in den Höhlen seines Stammes – jene fröhliche Gestalt, die als heidnisches Symbol der Fruchtbarkeit diente? (Vielleicht erkennen Sie ihn auf dem Foto.)

Das Erstaunliche an der Kvilleken ist die Tatsache, dass sie an diesem Standort überhaupt so kräftig und so alt werden konnte. Ich gehe davon aus, dass sie etwa 750 Jahre zählt und damit ein Zeitgenosse der Kapellen-Eiche von Allouville in der Normandie ist. Doch welch kümmerlicher, steiniger Grund im Unterschied zu Allouville! Früher einmal galten Eichen als Wertmesser für die Güte des Bodens. Je stattlicher der Baum, desto fetter und tiefer die Krume. Die Kvilleken musste sich durchs Leben hungern. Das sieht man ihr nicht an.

Mussten die mächtigen Eichen auf den guten Böden Schwedens vielleicht längst Feldern und Forstkulturen weichen? Und dass die Kvilleken nur deshalb überlebte, weil eine Eichel zufällig auf nutzlosen Grund gefallen war? Lang lebe der Grüne Mann!

Parzival und der Heilige Gral

Links: Die Wolframslinde in Ried, Bayern. Hat Wolfram in ihrem Schatten den Parzival geschrieben?

Etwa den gleichen Stammumfang wie die Kvilleken, etwa 15 Meter, hat eine mächtige alte Linde, die auf dem Dorfanger in Ried steht, fünf Kilometer vom niederbayerischen Kötzting entfernt. Wie die Kvilleken muss diese Sommerlinde *(Tilia platyphyllos)* die älteste ihrer Art sein. Aber sie ist weit mehr als das. Sie ist einer der schönsten Bäume, denen ich je begegnet bin.

Bäume wie Menschen verbinden selten das Alter Methusalems mit der Schönheit der Königin Helena. Die große Linde in Ried ist eine alles überstrahlende Ausnahme. Ich fotografierte sie an einem Morgen im August 2000, als die Sonne gerade auf die Kaskaden junger Äste fiel, die aus dem alten, hohlen Stamm sprießen. Und was für ein Stamm! Das Einzige, was diesem Stamm zu fehlen schien, war ein von Uccello gemalter Frührenaissance-Drachen, der auf der Lauer liegt, um die blau gewandete Prinzessin zu töten.

Heimatgeschichtler glauben, dass der Baum tausend Jahre alt ist. Das könnte meiner Ansicht nach hinkommen. Lindenholz ist sehr weich (eine Eigenschaft, die es bei Holzschnitzern sehr beliebt machte) – zu weich, um lange Zeitspannen zu überdauern. Aber der Baum besitzt eine erstaunliche Erneuerungskraft. Man muss nur sehen, wie prachtvoll die vor etwa 30 Jahren von einem Sturm zerfetzte Krone nachgewachsen ist. Eine alte Eiche wäre nie zu einem solchen Kraftakt fähig gewesen. Andere langlebige Arten wie Platane oder Edelkastanie hätten neue Stämme neben dem alten Hauptstamm gebildet. Die Linde scheint mühelos zu ihrer früheren Gestalt zurückzufinden.

Seit mehr als einem Jahrhundert trägt der Baum die Bezeichnung „Wolframslinde" – zur Erinnerung an den höfischen Minnesänger Wolfram von Eschenbach, von dem die deutsche Urform des *Parzival* stammt. Er hielt sich lange Zeit auf der nahen Burg Haidstein auf, wo er in Liebe zu der schönen Markgräfin von Haidstein entbrannte. Viele seiner Dichtungen, darunter auch das Epos *Parzival,* sollen ihr zu Ehren entstanden sein, manche davon, wie die Einheimischen glauben, unter ihrer Dorflinde.

Nein, ich nehme den Vorschlag mit Uccello zurück. Es wäre unpassend, für diesen Baum einen Drachen zu malen, der auf der Lauer liegt, um eine Prinzessin zu töten. Wie wäre es stattdessen mit Parsifal, dem Wagner-Helden, dem edlen Ritter auf der Suche nach dem Gral? Deine Irrfahrten sind zu Ende, Parsifal! Der Heilige Gral liegt dort drüben begraben, zu Füßen der Wolframslinde.

SOMMERLINDE

Tilia platyphyllos

▶**Heimat** West-, Mittel-, Südost- und Südeuropa, in Bergmischwäldern mit Buche, Esche und Ahorn

▶**Botanische Einordnung** Tiliaceae (Lindengewächse, diese Familie wird neuerdings in die Malvaceae eingeschlossen)

▶**Vermehrung** Durch Samen, Sorten durch Veredelung

▶**Früchte** Etwa 1 cm große, birnenförmige, graufilzig behaarte, fünfrippige, einsamige Nüsschen

▶**Verwertung** Zier- und Forstbaum, Holz für Tischlerei und Drechselarbeiten, Blüte für Tees, wichtige Bienenweide

Kanntet ihr wirklich Julius Cäsar?

Val d'Ultimo (Ultental bei der deutschsprachigen Mehrheit der Bewohner) ist tatsächlich so malerisch, wie es auf Postkarten aussieht. Ende Juni blühen die Almwiesen immer noch in voller Pracht. Nach der lauten Hektik in den Ebenen gewöhnt sich das Ohr allmählich an die sanften Stimmen der Wälder, an das Wispern der gelbgrünen Lärchen und das Raunen der dunklen Fichten, hin und wieder übertönt vom kindlichen Gebimmel der Kuhglocken.

Ich war 2001 an einem herrlichen Sommertag von Meran hier heraufgefahren. Italienische Baumkenner, auf die ich große Stücke hielt, hatten mir verraten, dass ich bei St. Gertraud, dem letzten Dorf im Tal, die drei ältesten Lärchen Europas finden könne. Ihr erstaunliches, aber nachgewiesenes Alter betrüge 2085 Jahre. Das machte sie zu Zeitgenossen von Julius Cäsar und zu den absoluten Senioren unter sämtlichen Bäumen in Europa, deren Lebensdaten wir kennen.

Die drei Lärchen standen dicht zusammengedrängt auf einem steilen Hang, etwa hundert Meter über einem alten, schindelgedeckten Bauernhof mit Scheunen und Ställen. Die Bewohner von St. Gertraud hatten mir voller Stolz den Weg zu ihren „Urlärchen" gewiesen. Alte Bäume sind eine Seltenheit in diesen Alpentälern mit ihren kleinen Weilern und Staatswäldern. Die drei Schwestern waren von der Axt verschont geblieben, weil sie als Lawinenschutz für den Hof am Fuß des Abhangs dienten. Eine vierte Lärche war vor etwa 70 Jahren einem Sturm zum Opfer gefallen, vielleicht auch einer Säge oder einem Feuer. Jedenfalls hatte damals jemand, dessen Name in Vergessenheit geriet, die Jahresringe des Baumstumpfes gezählt und war auf 2015 gekommen. Man zähle 70 dazu und, simsalabim, hat man ein Alter von 2085 Jahren!

Die größte der drei Urlärchen, eine Riesin mit einem Umfang von etwa 6 Metern, wirkt am kräftigsten. Obwohl ihr Stamm zumindest teilweise hohl erscheint, treibt sie noch jede Menge zarter junger Äste aus. Bei der zweiten Schwester ist ein Teil der Krone abgebrochen. Die dritte und kleinste Schwester ist am hinfälligsten. Ich setzte mich in die Höhlung ihres Stammes, und von droben fiel das Licht wie durch einen Schacht ein.

Sind diese ausgehöhlten Bäume wirklich so alt, wie behauptet wird? Oder haben sich die Experten von einer Alpensaga täuschen lassen? Ich zweifle an dieser Geschichte mit der vierten Lärche, auf der die Altersbestimmung für die drei übrigen Schwestern beruht. Ich finde darin einfach zu viele Lücken – oder Höhlen? Wer war dieser Mann, der die Jahrringdatierung vornahm? Geschah das wirklich im Jahr 1930? Warum hinterließ er keine schriftlichen Aufzeichnungen? Und wenn die vierte Lärche hohl war wie die anderen drei, wie konnte er dann die inneren Ringe zählen?

Ich habe alte Lärchen in anderen Gegenden Europas gesehen. 300 Jahre sind ein hohes Alter für eine Lärche, da ihr Holz schneller verrottet als etwa das Holz von Eichen, Esskastanien oder Eiben. Ich bin überzeugt davon, dass die drei Schwestern sehr alt sind. Unglaublich alt sogar. Aber meiner Ansicht nach dürften sie eher Zeitgenossen von Cesare Borgia als von Julius Cäsar sein – und das wäre etwa ein Viertel des ihnen zugeschriebenen Alters.

Rechts: Die drei Lärchen aus dem Ultental – wohl doch nicht ganz so alt wie Julius Cäsar.

Die Gerichtseiche

Oben: Die Feme-Eiche im westfälischen Erle. Gerichts- oder Rabeneiche?

Rechts: Das bedrohliche Gerippe der Feme-Eiche.

Als der Schotte John Loudon 1838 sein imposantes achtbändiges Werk *Arboretum et Fruticetum Britannicum* (Bäume und Sträucher Großbritanniens) veröffentlichte, fanden sich darin auch einige erstaunliche Angaben zu den Bäumen im übrigen Europa. So schrieb er über Deutschland, alten Berichten nach gäbe es in Westfalen eine Eiche, die vom Boden bis zum nächstgelegenen Ast 130 Fuß (40 m) hoch sei, und eine andere mit einem Umfang von über 90 Fuß (27 m).

Fest steht, dass heutzutage kein in Europa heimischer Baum auch nur annähernd solche Ausmaße erreicht. Allerdings gibt es in Westfalen immer noch stattliche Eichen. Und eine der berühmtesten ist die Feme-Eiche von Erle bei Recklinghausen.

Manche Historiker vermuten, dieser Baum wäre ursprünglich dem heidnischen Gott Wotan geweiht, da er in der Überlieferung auch den Namen Rabeneiche trägt und der Rabe als heiliges Tier des Wotan galt. Im 13. Jahrhundert führte dann der Kaiser in Westfalen die so genannten Femen ein, heimliche Gerichte, die von eigens ernannten Freischöffen abgehalten wurden und häufig den Zweck hatten, politische Widersacher auszuschalten. Als Versammlungsort diente die vermutlich bereits durch den heidnischen Wotanskult vorbelastete Eiche. Nach und nach verlor die düstere Praxis an Bedeutung, und im 19. Jahrhundert machte man die mittlerweile völlig hohle Gerichtseiche zum Mittelpunkt von Festlichkeiten. So ließ der Kronprinz 1819 nicht weniger als 30 Infanteristen mitsamt Ausrüstung in der Baumhöhle Aufstellung nehmen.

Ich besuchte Erle an einem sonnigen Vormittag im Juli des Jahres 2000. Es war eine unheimliche Begegnung, obwohl sich der Baum längst nicht mehr in einem Räuberwald befindet. 1892 maß die Eiche zwölfeinhalb Meter um den faltigen Bauch und galt mit etwa 1200 Jahren als der älteste Baum Deutschlands. Heute ist der Bauch verschwunden. Die Rabeneiche ist ein Invalide aus Rindenfetzen, der sich mühsam auf Holzkrücken stützt. Aber sie besitzt immer noch eine Krone aus knorrigen Ästen, die grünes Laub und pralle Eicheln tragen. Und von dem skelettähnlichen Stamm und den Klauenarmen geht immer noch eine heidnische Wildheit aus. Ich möchte nicht um alles in der Welt unter diesem Baum verurteilt werden!

Ist dem Drachen ein neuer Kopf gewachsen?

Ich trauerte um den großen Drachenbaum von Orotava an der Nordküste von Teneriffa, der seit der spanischen Eroberung der Insel während der Frührenaissance für Gesprächsstoff gesorgt hatte. Und dann erwarb ich einen 160 Jahre alten Kupferstich, der mein Herz schneller schlagen ließ.

Vergleichen Sie einmal den Kupferstich (rechts) mit dem Foto des Drachenbaums (ganz rechts). Zeigen die beiden Abbildungen denselben Baum?

Lassen Sie mich das Rätsel erklären. Der Kupferstich mit dem Baum aus Orotava wurde um 1840 veröffentlicht. Meine Aufnahme entstand im Februar 2002, als ich den Drachenbaum, heute eine der Hauptattraktionen auf der Insel, in Icod bei Orotava besichtigte. Es gab einen noch älteren Stich des Orotava-Baums, veröffentlicht 1809 nach den Skizzen Alexander von Humboldts. Humboldt hatte nach der Rückkehr von seinen Reisen über den großen Drachenbaum von Orotava berichtet, dessen Alter er auf 6 000 Jahre schätzte. Heute wissen wir, dass Humboldts Kupferstich höchst ungenau war, obwohl der Baum ganz sicher enorme Ausmaße hatte. Angeblich war er 18 Meter hoch und besaß in Brusthöhe einen Umfang von etwa 10 Metern. Der Stich von 1840 sieht akkurat aus und hat verblüffende Ähnlichkeit mit meinem Foto. Ist das die gleiche Kulisse, der gleiche Palmengarten, die gleiche gezackte Bergkette im Hintergrund? Was den Drachenbaum selbst betrifft, so lässt sich kaum ein Unterschied erkennen: ein angeschlagenes Ungetüm hier wie dort, mit einer klaffenden Wunde quer über den Hals auf dem Stich und einer gewaltigen Narbe am Hals auf dem Foto.

Das Rätselhafte an der Sache ist, dass der erste – Humboldts – Baum nach zuverlässigen Berichten in den später 60er-Jahren des 19. Jahrhunderts von einem Sturm umgerissen wurde. Demnach muss das Exemplar, das ich in Icod vor die Linse bekam, ein anderer Baum sein. Oder war dem Drachen nach dem Sturm ein neuer Kopf gewachsen? Eine aufregende These. Eine These zum Kopfzerbrechen sozusagen.

Der Baum von Icod jedenfalls ist ein Prachtkerl mit einem Stammumfang von gut neun Metern, allerdings kein Baum im eigentlichen Sinn. Wie bei allen Drachenbäumen besitzt der „Stamm“ keine konzentrischen Jahresringe unter der Borke.

Wie lange leben Drachenbäume? Der arme Humboldt machte sich mit seiner Annahme, der Baum auf Teneriffa sei 6 000 Jahre alt, zum Gespött der Wissenschaft. Heutige Botaniker halten 600 Jahre bei dieser Art von Gewächsen für die oberste Altersgrenze. Aber dann hätte Humboldts Baum theoretisch ein neuer Drachenkopf sprießen können, der nun vor meiner Kamera posierte.

Nach meiner Rückkehr von Teneriffa stellte ich einige Nachforschungen an. Das Ergebnis: Humboldts Baum stand in Villa Orotava, fünf Kilometer östlich des gleichnamigen Städtchens. Icod liegt etwa 15 Kilometer westlich. Man kann nicht immer Recht bekommen.

Oben: Der Drachenbaum von Orotava auf Teneriffa, nach einer Skizze von 1819.
Rechts: Der heutige Drachenbaum von Icod auf Teneriffa.

HEILIGTÜMER

*Ein Baum ist ein wunderbares Lebewesen…
er spendet selbst jenen Schatten, die eine Axt schwingen,
um ihn zu fällen.*

BUDDHA

(INSCHRIFT AM EINGANGSTOR DES WALDRESERVATS VON KANDY, SRI LANKA)

Erst ein Wanderstab, dann ein Schiefer Turm

Stellen Sie sich einmal unter die alte Zypresse im Kreuzgang des Franziskanerklosters von Verucchio, acht Kilometer landeinwärts von Rimini an der Ostküste Italiens. Sie ist ein Schiefer Turm von einem Baum, aber völlig sicher für Besucher. Vor dreißig Jahren wurde sie von einem Orkan angefallen, der sie in einer bedrohlichen Schräglage zurückließ. Aber im Dezember 2000 rückte ein Bauunternehmer aus der Gegend mit einem Kran an und versah sie großzügig mit Krücken: drei fest im Boden des Kreuzgangs verschraubten Stahlrohren von zehn Meter Länge.

Die Mittelmeerzypresse *(Cupressus sempervirens)* ist mit ihrem Stammumfang von nicht einmal drei Metern beileibe kein Gigant. Aber sie ist eine der ältesten Zypressen in ganz Europa und eine der wenigen mit einer vornehmen Herkunft: Der heilige Franz von Assisi soll sie um das Jahr 1200 höchstpersönlich gepflanzt haben. Diese Legende erfuhr ich von Bruder Michael, dem Gästebetreuer des Klosters. Achthundert Jahre! Das mag einer 4000-jährigen Grannenkiefer in Kalifornien läppisch kurz erscheinen. Aber in Europa ist das ein hohes Alter für einen Baum, selbst für die Arten mit extrem haltbarem Holz wie Eichen, Esskastanien und Zypressen. Bruder Michael, ich glaube dir! Der Baum sieht genau so aus: ein alternder Aristokrat, immer noch tapfer auf Vermehrung bedacht (seine Zweige hängen voller Zapfen), obwohl er mittlerweile auf Krücken angewiesen ist und sich unter seinem grünen Wams die Rippen abzeichnen.

Hoch in den abgestorbenen Ästen des Bäumes gurren zwei Tauben – Symbol des heiligen Franziskus – ihr Abendlied. Bruder Michael nimmt mich mit in die Kirche, um mir ein Fresko zu zeigen, auf dem der Heilige die Zypresse pflanzt. (Das Fresko wirkt nicht sehr alt, ist aber vielleicht die Kopie eines früheren Gemäldes.) Bruder Michael erzählt, wie der heilige Franziskus hierher kam, um ein neues Kloster zu gründen. Seine Begleiter sammelten Holz, um ein Feuer zu entfachen, und Franziskus warf seinen Wanderstab, einen frisch geschnittenen Zypressenast, obenauf in die Flammen. Am nächsten Morgen war die Glut zu Asche zerfallen, aber der Stab war auf wundersame Weise grün geblieben. „Nun gut", rief der Heilige aus, „wenn du nicht brennen willst, dann wachse!" Und er pflanzte den Stab in jenes Fleckchen Erde ein, das zum Zentrum des späteren Kreuzgangs werden sollte.

Das Kloster hat wie der Baum bessere Zeiten gesehen. Früher einmal lebten hier 40 Mönche. Heute, da die katholische Kirche auch in Italien an Einfluss verloren hat, sind es nur noch vier. Aber Bruder Michael macht einen zufriedenen Eindruck. Der dunkle, gut aussehende Mann (sein Vater war albanischer Türke) meint, dass es in Verucchio zwar nur vier, weltweit aber 23 000 Franziskaner gäbe. Er pflückt mir ein paar Feigen aus dem Obstgarten und bietet an, mich für eine Besinnungswoche vorzumerken, sobald ich Zeit dazu habe. Eine Woche im Schatten dieses edlen Baums – was könnte erholsamer sein?

Vorhergehende Seite: Die 800-jährige Franziskus-Zypresse in Verucchio, Norditalien. „Wenn du nicht brennen willst, dann wachse!"

Rechts: Teilansicht der Franziskus-Zypresse. Der Heilige liebte die Tauben.

Die Rettung der Kapellen-Eiche

Wann ist ein Baum kein Baum? Antwort: Wenn er eine Kirche ist. Die *Chêne-Chapelle* (Kapellen-Eiche) von Allouville, knapp 50 Kilometer nordwestlich von Rouen, gilt in Frankreich bereits seit dem späten 17. Jahrhundert als Sehenswürdigkeit. 1696 ließ der damalige Ortsgeistliche Abbé du Detroit in der Höhlung eines Eichstammes eine Kapelle samt Altar zum Abhalten von Gottesdiensten und darüber eine Eremitenklause errichten. Die Kapelle erhielt den Namen *Notre Dame de la Paix* (Unsere Liebe Frau vom Frieden) und entwickelte sich schon bald zu einem Wallfahrtsort, insbesondere zu Mariä Himmelfahrt am 15. August. 1793 erwiesen sich diese religiösen Bezüge allerdings als tödliche Gefahr für den alten Eichbaum. Die Revolution war mittlerweile zum Terror worden. Aufgeputschte Kommunarden steckten das Pfarrhaus in Brand und zogen dann weiter, um die Kapellen-Eiche zu zerstören.

> „Auf zur großen Eiche!“, grölten sie, wie ein Augenzeuge später berichtete, „Ins Feuer mit dieser *niche d'oraisons*!“ (Gebetshöhle).

Geistesgegenwärtig befestigte der Schulmeister des Ortes, Jean-Baptiste Bonheur, einen großen Anschlag mit den Worten *Temple de Raison* (Tempel der Vernunft) an einer Mauer neben der Kapelle und rettete so die alte Eiche.

Seit jener Zeit hat der Baum ein ähnliches Schicksal erlitten wie die meisten hohlen Stieleichen *(Quercus robur)*. Seine Krone wurde im frühen 19. Jahrhundert durch Blitzschlag zertrümmert. Seine inneren Wunden, von der Natur oder von Menschenhand verursacht, begannen zu schwären. An der Ostseite löste sich ein Großteil der Borke ab. Aber irgendwie ging es immer weiter. Die tote Spitze krönte schon bald ein Türmchen mit Kreuz. Eichenschindeln ersetzten die fehlende Rinde und schützten die Stellen, an denen große Äste abbrachen. Das Innere der Kapelle wurde 1853–1854 restauriert (wozu Kaiserin Eugénie eine schlichte Marienstatue aus Holz beisteuerte) und die Eremitenklause in eine Kalvarienkapelle umgewandelt. Im Oktober 1854 weihte der Erzbischof von Rouen die beiden neu gestalteten Kapellen mit einem *Te Deum* und einer eigens zu diesem Anlass verfassten Hymne:

Der Schöpfer dieser Welt
Hat Dach und Wände dieses Baus,
Aus dem entstand ein Gotteshaus,
Ganz ohne Hammer hingestellt.

Marien ist geweiht
Dies Kirchlein wunderbar
Mit seinem Baum-Altar
In alle Ewigkeit.

Hundertfünfzig Jahre später stand ich da und staunte, wie prächtig das Innere des „säkularen Baums“ heute aussieht. Zu Beginn der 1990er putzte eine neue Generation von Restauratoren das Naturdenkmal geradezu verschwenderisch heraus. Auf dem Altar erhebt sich nach wie vor die Marienstatue der Kaiserin Eugénie. Im Freien allerdings setzt sich der Verfall des Baums unaufhaltsam fort. Es gibt keine Unterlagen, die eine eindeutige Datierung ermöglichen, aber wenn man bedenkt, dass der Stamm bereits vor 300 Jahren hohl war, dürfte er heute mindestens 750 Jahre alt sein. (Ich bezweifle die offizielle Altersangabe von 1200 Jahren. Falls sie stimmt, wäre der Baum älter als jede bekannte Eiche der Welt.) Ein hochbetagter Baum leidet unter seinen Altersgebrechen – wie wir alle. Die jetzigen Restauratoren korrigierten einige Fehler ihrer Vorgänger. Sie entfernten die brutalen Eisenstäbe, verpassten der Eiche ein neues Schindelkleid und gaben ihr mit zwei hohen Stahlstützen Halt. Ich bewundere ihre Großmut. Andererseits hoffe ich, dass man die Kapellen-Eiche in Würde sterben lässt, wenn das Leben für sie unerträglich wird.

Rechts: DIE KAPELLEN-EICHE VON ALLOUVILLE IN DER NORMANDIE – MIT SCHINDELN UMKLEIDET UND VON STAHLTROSSEN GEHALTEN.

IL EST DEFENDU SOUS PEINE D'AMENDE
PROCES VERBAL SERA DRESSE POUR LES
A NOTRE DAME DE LA PAIX
ERIGEE PAR Mr L'ABBE
DU DETROIT CURE
D'ALLOUVILLE en 1696

Buddhas Bäume

Im Januar 2000 befand sich Sri Lanka mitten in den Wirren des Bürgerkriegs. Die Tamilen-Tiger hatten ein Gebiet im Norden der Insel in ihre Gewalt gebracht. Tamilische Selbstmordattentäter hatten Ziele weit im Süden bis hin zur Hauptstadt Colombo angegriffen. Ich wollte unbedingt den berühmten Bodhibaum von Anuradhapura im nördlich-zentralen Teil der Insel sehen, der, egal, welchen Maßstab man auch anlegt, das größte Baumheiligtum der ganzen Welt ist. Seine Ahnentafel reicht lückenlos bis zu einem Ableger jenes Feigenbaums zurück, unter dem Buddha im 6. Jahrhundert v. Chr. die Erleuchtung zuteil wurde. Aber ging ich ein zu großes Risiko ein, wenn ich ausgerechnet während eines mörderischen Krieges zu diesem besonderen Baum pilgern wollte?

Bekannte in Colombo sahen keinerlei Schwierigkeiten. Es sei zwar richtig, dass die hinduistischen Tiger versucht hätten, den Baum in die Luft zu sprengen, da er für sie ein Symbol buddhistischer Unterdrückung darstellte. Aber mittlerweile seien die Regierungstruppen Herr der Lage. Und der Januar eigne sich perfekt für einen Besuch.

Ich brach mit einem wagemutigen Freund per Taxi auf. Wenn man auf Sri Lanka einen Tag am Steuer eines Autos überlebt hat, kann einen auch der Terrorismus nicht mehr schrecken. Wir erreichten Anuradhapura am zweiten Tag. Die Armee hatte die Kontrolle übernommen – und wie. Wir mussten das Taxi verlassen und die letzten anderthalb Kilometer zu Fuß zurücklegen, mit hartnäckigen Verhandlungen an diversen Straßensperren. Endlich erreichten wir die honiggelben Mauern, die das Heiligtum umgeben, und ein Wachtposten ließ uns passieren.

Der Ur-Feigenbaum, unter dem Buddha im 6. Jahrhundert v. Chr. die erlösende Erleuchtung gewann, wuchs in Nordindien nahe dem Gangesufer und starb zu gegebener Zeit. Zuvor jedoch, im 2. Jahrhundert v. Chr., nahm eine zum Buddhismus übergetretene Prinzessin einen Ableger des heiligen Baums mit nach Sri Lanka. Dieser Ableger des Bodhi- oder Pepulbaums wurde in Anuradhapura eingepflanzt, als die Prinzessin heimkehrte, um ihr Volk zu bekehren. Heute wird die von Botanikern als *Ficus religiosa* bezeichnete Feigenbaumart von Buddhisten in aller Welt so sehr verehrt, dass es ihnen verboten ist, deren Holz zu verbrennen.

Nachdem ich den Wachtposten passiert und den heiligen Bezirk betreten hatte, war ich zunächst ein wenig enttäuscht. Die Bauwerke mit den roten Ziegeldächern waren weder alt noch sonderlich schön. Überall flatterten Gebetsfahnen. Ein alter Mann lehnte mit dem Rücken an der Mauer eines Bürogebäudes und las seine Gebete ab. Eine Pilgergruppe überreichte meinem Freund eine rosa Lotosblüte. Aber wo befand sich der meistverehrte Baum der Welt? Wir erklommen die Stufen und stießen auf seine zahlreichen Stämme, die nicht älter als 200 Jahre wirkten, obwohl der Ursprung dieser Stämme unter einem Betonsockel verborgen war. *War* das der Baum von Buddhas Baum? Oder war es der Baum vom Baum von … Aber warum nicht? Buddha hatte die Wurzeln des Baums gesegnet und ihnen, wie allen guten Geschöpfen, die Gabe der ewigen Erneuerung verliehen.

Draußen im Hof entdeckten wir einen jungen Bodhibaum, der die honiggelbe Mauer erkletterte. Affen stoben in wilder Jagd um den Stamm. Und wir erblickten zum ersten Mal einen Tiger: einen allerdings sehr zahmen Tamilen-Tiger, der im Schatten dieses Baums ruhte, mich aber aufmerksam beobachtete, als ich meine Kamera aufbaute.

BODHIBAUM

Ficus religiosa

▶**Heimat** Himalaja, Südwestchina, Nordthailand, Vietnam

▶**Botanische Einordnung** Moraceae (Maulbeergewächse)

▶**Vermehrung** Durch Samen sowie durch wurzelnde Seitenäste

▶**Früchte** 1,5 cm große, abgeflachte, erst grüne, reif rote Feigen

▶**Verwertung** Zierbaum, häufig an buddhistischen Tempeln

Rechts: EIN JUNGER BODHIBAUM WÄCHST AN DEN MAUERN VON ANURADHAPURA, SRI LANKA, EMPOR.

Nächste Seite: DER BODHIBAUM IN ANURADHAPURA, SRI LANKA, WIRD SEIT DEM 2. JH. V. CHR. VON BUDDHISTEN VEREHRT. MIT EINER LOTUSBLÜTE ALS OPFERGABE ERKLIMMT EINE GLÄUBIGE (RECHTS) DIE STUFEN ZU DIESEM HEILIGEN BAUM.

Der Baum des großen Heilers

Wer die Absicht hegt, die eindrucksvollen Altertümer Griechenlands zu besichtigen, dem empfehle ich eine Reise auf die Insel Kos. Man sollte sich aber nicht zu lange mit den Ruinen jenes Tempels aufhalten, der Asklepios, dem Gott der Heilkunst, geweiht war; sie sind nicht weiter bemerkenswert. Lieber sollte man die Ruine eines Baums besuchen, der fast so berühmt ist wie Buddhas Bodhibaum auf Sri Lanka: die große Platane des Hippokrates, der als „Vater der Medizin" bezeichnet wird. Sie steht angeschlagen, aber ungebeugt auf einem eleganten Platz mit einem türkischen Trinkbrunnen, der von einer byzantinischen Kuppel überwölbt wird. Die hellenistischen Säulen, die den Baum früher stützten, sind von zahlreichen Erdbeben ramponiert. Heute umgibt ein großer grüner Eisenkäfig den Veteranen.

Seit Jahrhunderten glauben die Bewohner, dies sei der Baum, unter dem der große Heiler im 5. Jahrhundert v. Chr. seine Schüler unterrichtete. Ich gäbe viel darum, wenn sie Recht hätten. Dann wäre die Platane nämlich noch 300 Jahre älter als Buddhas Feigenbaum auf Sri Lanka, der im 2. Jahrhundert v. Chr. gerade mal ein zarter Schössling war. Aber Spielverderber werden einwenden, dass das Holz der Morgenländischen Platane, *Platanus orientalis*, relativ rasch verrottet. Heute ist der Hauptstamm ausgehöhlt wie ein alter Flaschenkürbis. Sicher, aus der Kürbis-Ostflanke wachsen große Äste über den Eisenkäfig. Und an der Westseite gibt es einen neuen Stamm, der sich vor etwa 100 Jahren aus einem Nebentrieb gebildet hat und nun eine herrliche Kuppel junger Äste trägt. Aber ich bezweifle, dass der Urbaum mit seinem ausgehöhlten Stamm älter als 600 oder 700 Jahre ist.

Moment mal, höre ich die Anhänger des großen Heilers sagen. Angenommen, es gab hier in den Tagen des Hippokrates eine Platane? Natürlich überdauerte sie keine 2500 Jahre. Aber ihre Wurzeln blieben am Leben. Wie Buddha segnete Hippokrates seinen Baum und verlieh ihm die Gabe der Wiedergeburt und ewigen Erneuerung. Der Stamm, dieser alte Flaschenkürbis, könnte somit die vierte Generation Platanen sein, die den Wurzeln des Baums seit Hippokrates entspross.

Die Anhänger des Hippokrates und der vorzügliche Retsina von Kos haben mich überzeugt. Natürlich sind sie im Recht. Zumindest kann niemand das Gegenteil beweisen.

Rechts: Gestützt von einem Eisenkäfig – die Platane des Hippokrates auf der griechischen Insel Kos.

Tulpen, zu hoch für die Bienen

Rechts: Tulpenbaum, 1785 von George Washington auf Mount Vernon, Virginia, gepflanzt.

An einem kühlen, sonnigen Vormittag im April 2002 beobachtete ich eine endlose Schlange von Besuchern, die zu George Washingtons Familiensitz Mount Vernon am Potomac in Virginia pilgerten, ein Stück außerhalb der Hauptstadt, der er seinen Namen gab. Mount Vernon, das Hauptheiligtum der Nation, ist ein heiterer Ort. Die Menschenmenge war gut gelaunt und wusste, dass sie sich in Geduld üben musste. Nach einer bis zwei Stunden Wartezeit würde man sie durch das Haus führen und ihnen das schlichte kleine Arbeitszimmer zeigen, wo der Gründervater an seinem Schreibtisch gesessen hatte, den kleinen Salon, in dem die Haussklaven ihm und seiner Gemahlin Martha das Essen aufgetragen hatten, und das einfache Bett, in dem die beiden die Nacht verbracht hatten.

Aber warf auch nur einer der Besucher einen Blick auf die beiden eleganten Tulpenbäume, die inzwischen an die 40 Meter hoch waren – die beiden Bäume, die der Staatsmann 1785 eigenhändig (oder mithilfe seiner Sklaven) gepflanzt hatte, um die Rasenfläche im Westen des Anwesens aufzulockern? Ich sah nichts dergleichen. Und merkwürdigerweise weist auch nichts darauf hin, dass diese beiden Bäume die letzten lebenden Zeugen des berühmten Mannes sind.

1783 hatte Washington beschlossen, das Schwert ruhen zu lassen und sich fortan – wie der römische Held Cincinnatus – ganz auf die Scholle zurückzuziehen. Die Engländer waren geschlagen, Amerika war frei. Er sehnte sich nach dem Leben eines Pflanzers mit 4000 Hektar Land und 300 zufriedenen Sklaven. In den acht Jahren als Oberbefehlshaber der Truppen hatte er Mount Vernon kaum gesehen. Nun wollte er Tabak anbauen, Rinder züchten, Fangnetze im Potomac auswerfen und (vor allem) das Haus verschönern, den Garten erweitern und neue Bäume pflanzen. Aber wie Cincinnatus wurde er in der Hauptstadt gebraucht. Wer außer ihm hätte das Amt des Präsidenten bekleiden können?

Die beiden Tulpenbäume überlebten als Symbole seiner kurzen Flucht vor Politik und Macht. Wahrscheinlich hatte er sie, wie es seine Art war, als wild wachsende Schösslinge in der Nähe geholt und in seinen Garten gepflanzt. Ich habe den größeren und kräftigeren der beiden für meine Aufnahme ausgewählt. Er ist beileibe kein Riese und erhebt auch keinen Anspruch darauf. Genau genommen gehört er nicht einmal in die Rubrik der Methusalems. Aber 215 Jahre sind eine lange Zeit für einen Garten- oder Parkbaum. Es wäre den beiden zu gönnen, dass sie noch ein paar Jahrhunderte am Leben bleiben. Aber ich bin skeptisch. Stürme haben ihren Stämmen und Kronen bereits ziemlich zugesetzt, und das Holz verrottet schnell, wenn die äußere Rinde erst mal beschädigt ist.

Zum Glück haben einige Enthusiasten die Bedeutung der Bäume erfasst. Als sie jedoch junge Bäume heranziehen und auf den Markt bringen wollten, suchten sie vergeblich nach den erforderlichen Samen. Es stellte sich heraus, dass die Bäume zu hoch waren, um von Bienen bestäubt zu werden. Rettung brachte ein 40 Meter hoher Kran. Unter den Augen von Millionen Fernsehzuschauern hievte er eine menschliche „Biene" in die Wipfel, die dann erfolgreich die Blüten per Hand bestäubte.

TULPENBAUM

Liriodendron tulipifera

▶**Heimat** Östliches Nordamerika, nördlich bis Ontario, in artenreichen sommergrünen Laubwäldern

▶**Botanische Einordnung** Magnoliaceae (Magnoliengewächse)

▶**Vermehrung** Durch Samen, Sorten durch Veredelung

▶**Früchte** Zapfenartig, bis 8 cm lang, aus zahlreichen geflügelten Nüsschen zusammengesetzt, die bei der Reife einzeln abfallen

▶**Verwertung** Ziergehölz mit dekorativen Blättern und schöner Herbstfärbung, in seiner Heimat wertvolles Nutzholz

Neun Frauen im Schatten des Baums

Ambohimanga (Blauer Hügel), die frühere Hauptstadt der Könige und Königinnen von Madagaskar, galt bis vor kurzem als heiliger Ort, zu dem Fremde keinen Zutritt hatten. Für jede Holzhütte des Palastes, jeden Opferstein, jeden krummen Feigenbaum gab es feierliche Assoziationen und düstere Rituale. Starb ein Baum, galt es als Majestätsbeleidigung, seine tote Hülle zu entfernen, und so blieb er einfach stehen, ein weiteres Denkmal für die längst verstorbenen Herrscher der Merina-Dynastie, die 1897 von der französischen Kolonialverwaltung beseitigt wurde.

Heute ist Madagaskar unabhängig, stolz und arm – und fremde Touristen werden in Ambohimanga mit offenen Armen empfangen. Auf dem Weg zur Zitadelle passierten wir einen der berühmten Torsteine: gigantische Steinscheiben, die man jede Nacht vor die Eingänge wälzte.

Den Hügelkamm krönt der Palast von König Andianampoinimerina (1787–1810). Hat sich das Auge an das Dämmerlicht gewöhnt, erkennt man, dass der Palast eine hohe, aus einem einzigen Raum bestehende Holzhütte ist, deren Dach von einem zehn Meter hohen Stamm aus Rosenholz gestützt wird. Auf dem Vorplatz, wo der König einst Recht sprach und den Göttern Opfer darbrachte, spenden alte Feigenbäume Schatten.

Der 250-jährige Feigenbaum *(Ficus baronii)* auf dem Foto ist der kleinere der beiden heiligen Bäume, die direkt unterhalb des Palastes stehen. Zu besonders feierlichen Anlässen saßen die 12 Gemahlinnen des Königs auf 12 Steinen, die im Kreis um diesen Feigenbaum angeordnet waren. Meine Führerin zählte die Steine, die noch halbwegs unter dem Wurzelgeflecht des Baums zu erkennen waren. „Sehen Sie!“, meinte sie. „Es ist immer noch Platz für neun Frauen!“

Ambohimanga wurde 1810 als Residenzstadt aufgegeben, diente aber weiterhin als Sommersitz der Herrscher. Ich schlenderte durch den Palastbezirk und suchte nach Spuren der Engländer, die vor der Machtergreifung der Franzosen die Geschicke der Insel mitbestimmt hatten. Im Sommerhaus von Königin Ranavalona II. wurde ich fündig. Da stand eine armselige kleine Mahagoni-Anrichte, ein Geschenk von Königin Victoria, überbracht von jenem Mann, der von 1863 bis 1883 die britischen Interessen auf Madagaskar vertrat: meinem glücklosen Namensvetter, Konsul Thomas Pakenham.

Rechts: Der Zeremonial-Feigenbaum vor dem königlichen Palast von Ambohimanga auf Madagaskar bietet immer noch Steinsitze für neun Frauen.

Höfliche Verneigung vor den Kampferbäumen

Links: Der Kampferbaum in Atami ist der zweitmächtigste Baum Japans. Jede Umrundung des Baums – in der vorgeschriebenen Richtung – wird mit einem zusätzlichen Lebensjahr belohnt.

Als ich nach Japan flog, ging mir ständig ein Modewort des 18. Jahrhunderts im Kopf herum: *sharawadgi.* Das heißt, glaube ich, „gefällige Unregelmäßigkeit“ und wurde von Sir William Temple in einem Aufsatz über Epikurs Garten verwendet, um den Stil der fernöstlichen Gärten zu beschreiben, die den natürlichen Formen von Felsen und Bäumen nachempfunden sind. Allerdings behaupten manche Leute, Temple habe dieses Wort selbst erfunden. Wie dem auch sei, ich hatte die Absicht, in Japan einige der riesigen Kampferbäume zu besichtigen, die für ihre natürliche Unregelmäßigkeit berühmt sein sollen.

Die, was den Umfang betrifft, mächtigsten Bäume Japans sind die immergrünen Kampferbäume *(Cinnamomum camphora),* welche die Meeresnähe und wärmeren Teile des Landes bevorzugen. Im November und Dezember 2001 fuhr ich in der unheimlichen Stille des Shinkansen-Zugs von Tokio aus Hunderte von Kilometer nach Süden, um Kampferbäume aufzuspüren und zu fotografieren. Ich sah fast alle der größeren Exemplare. Aber ich entdeckte zu meiner Überraschung, dass sie nicht in Wäldern wachsen. Die meisten stehen in den überfüllten Shinto-Schreinen von Kleinstädten und Vororten. Da man sie als Naturheiligtümer betrachtet, sind sie mit Seilen, Quasten und Papierschmuck behängt. Ganze Busladungen japanischer Touristen ziehen vorbei, um sie zu bestaunen oder den Geist des Baums mit einem stillen Gebet zu ehren. Diese Japaner sind zwar europäisch gekleidet, aber zu meiner Erleichterung verneigen sie sich und lächeln noch genauso wie ihre Vorfahren. Ich beobachtete einen Mann, der die Auskunftstafel neben dem Baum las, und verzückt murmelte: „Zweitausend Jahre, zweitausend Jahre!“ Vermutlich gibt es in Japan, bedingt durch all die Kriege und Erdbeben sowie die Woge neuen Wohlstands, die über das Land hereinbrach, so wenige alte Bauwerke, dass man alten Bäumen mehr Ehrfurcht entgegenbringt als in Westeuropa.

Mag sein, dass diese Bäume älter sind als die Shinto-Heiligtümer aus dem 7. oder 8. Jahrhundert, in denen sie Zuflucht gefunden haben. Ich persönlich bezweifle das, denn Kampferholz ist nicht haltbar genug, um mehr als ein Jahrtausend zu überdauern. Was mich jedoch noch mehr stört: Man hat diesen Riesen nicht gestattet, in Würde zu altern. Jeder krumme Zweig und jeder schiefe Stamm wurde gestutzt und verstümmelt, um den Wuchs nur ja in Schranken zu halten und Gläubige vor herabfallenden Ästen zu schützen. Viele dieser geschorenen Bäume haben dadurch völlig ihren Charakter eingebüßt. Wäre es manchmal nicht gnädiger, einen alten Baum in Würde sterben zu lassen?

Zweimal allerdings stieß ich auf Kampferbäume mit einer ausgesprochen starken Persönlichkeit.

In Atami, einem hübschen kleinen Seebad etwa 70 Kilometer südwestlich von Tokio, sah ich den Giganten, der als Japans zweitgrößter Kampferbaum gilt. Obwohl der zugehörige Shinto-Schrein in einer kleinen Schlucht heute von zwei Eisenbahndämmen überschattet wird, gilt er als Naturheiligtum. Ich traf auf Busladungen von Gläubigen, die den großen Baum in stummer Ehrfurcht umrundeten. (Jede Runde, so erfuhr ich, bedeutete ein Lebensjahr mehr. Ich versuchte ein Jahrzehnt zu gewinnen, indem ich gegen den Uhrzeigersinn im Kreis lief, musste mir aber sagen lassen, dass in diesem Fall der Zauber umgekehrt wirke. Ich fand gerade noch Zeit, die Sache rückgängig zu machen und meine normale Lebensspanne wiederherzustellen.) Obwohl der Kampferbaum in den 1970ern durch einen Tsunami schwer beschädigt wurde, steigt sein Fuß wie eine Steilklippe auf und teilt sich dann in zwei mächtige, wie Finger gespreizte Stämme. Daneben wirkt der Shinto-Schrein wie ein winziges Puppenhaus.

Ganz in der Nähe, verborgen in einem Hain mit jungen Bäumen, stand ein weiterer Kampferbaum-Veteran, der vermutlich noch älter, aber viel kleiner als der Riese war. In seinem hohlen Stamm befand sich ein Miniatur-Schrein.

Die nächste Begegnung erfolgte zwei Tage später, als ich, knapp 1000 Kilometer südwestlich von Tokio, die steilen Stufen zum Shinto-Schrein von Takeo hinaufstieg und von einem Priester zu einem „3000 Jahre alten" Kampferbaum-Koloss in der Nähe geführt wurde. Takeo selbst sah nicht besonders einladend aus; es hatte mehr von der Big-Mac-Kultur Kaliforniens als vom fernöstlichen Reiz Japans, wie wir ihn von den Holzschnitten eines Hokusai oder Utamaro kennen. In den Vororten gab es Haine aus Betonmasten und Dickichte aus Leitungsdrähten. Aber der Schrein befand sich in einem bewaldeten Hügel oberhalb der Stadt.

Der Riese war mit 35 Meter Höhe und 20 Meter Umfang der sechstgrößte Baum Japans. Was ihn jedoch besonders auszeichnete, war die Schönheit, die er selbst noch im Verfall ausstrahlte. Niemand hatte seine Höhlen ausgefüllt oder seine Äste und Stämme mit Kettensägen traktiert. Anders als den Riesen-Kampferbäumen, denen ich bisher begegnet war, hatte man ihm Zuflucht in einem neu gepflanzten Wald aus Sicheltannen und blaugrünem Bambus gewährt und den Schrein selbst in sicherem Abstand aufgestellt. Sein Alter ließ sich nicht bestimmen, da der Stamm völlig hohl und eine Jahresringdatierung dadurch ausgeschlossen war.

Ein Seil und Quasten markierten den Veteranen als Naturheiligtum. Vorsichtig betrat ich die Höhlung. Der Baum hing wie eine Turmruine über zwei Grasterrassen. Im Innern befand sich eine Kapelle, erhellt von schartigen Löchern, wo ein Sturm mächtige Äste vom unteren Stamm abgerissen hatte. Ich entdeckte einen Altar mit frischen Opfergaben: Reiskuchen, Blumen und Kerzen. Die Strahlen der Wintersonne fielen durch die Öffnungen ein wie durch die kunstvoll gearbeiteten Gitter orientalischer Fenster.

Das hier war *sharawadgi* – in heroischen Dimensionen.

Ich verneigte mich und lächelte dem Geist des Baums höflich zu.

DER KAMPFERBAUM VON TAKEO IM SÜDWESTEN JAPANS SCHEINT NUR MÜHSAM DIE BALANCE ZU HALTEN.

KAMPFERBAUM

Cinnamomum camphora

▶**Heimat** Tropisch-subtropisches Südost- bis Ostasien, auch in Japan, in feuchtwarmen immergrünen Wäldern

▶**Botanische Einordnung** Lauraceae (Lorbeergewächse)

▶**Vermehrung** Durch Samen oder durch Stecklinge

▶**Früchte** Schwarze, 6–10 mm große Beeren

▶**Verwertung** Zierbaum; Nutzholz für Bauzwecke und Möbel, aus dem zerkleinerten Holz wird durch Wasserdampfdestillation Kampferöl gewonnen.

Ein Baum wie Proteus

Besteigt man den Vorortzug von Kagoshima im äußersten Südwesten Japans, etwa 100 Kilometer südlich von Takeo, und folgt der gekrümmten Linie der Bucht, wird man durch eine Aussicht belohnt, die sich mit dem berühmten Blick auf die Bucht von Neapel vergleichen lässt. Geradeaus, jenseits des blauen Meeres, stößt der Sakurajima – der Vesuv Japans – eine Dampfsäule hoch in den Himmel. Zur Linken erhebt sich der Kirishima fast 2000 Meter über eine öde Vulkanebene, aus deren Rissen und Löchern Schwefelgase zischen.

Am Fuß dieses Berges liegt, verborgen durch einen Tannen- und Kiefernwald, ein bekannter Shinto-Schrein, der ebenfalls den Namen Kirishima trägt. Ich wanderte an einem warmen Nachmittag im Spätherbst zu diesem Heiligtum, auf der Suche nach einer Sicheltanne *(Cryptomeria japonica)*, die angeblich in der Region sehr verehrt wurde.

Verglichen mit den alten Kampferbäumen von Atami und Takeo oder auch ihrer ehrwürdigen Artgenossin Jomon Sugi auf der Insel Yaku war dieser Baum gerade mal ein Jungspund. Aber ein prächtiger Jungspund mit einer Höhe von 33 Metern und einem Umfang von gut 5 Metern. Aus dem eleganten Schwung der oberen Äste und dem glatten, regelmäßigen Stamm schloss ich, dass er bestenfalls 300 Jahre alt war: eine Geister-Sicheltanne in der Blüte ihrer Jugend. Sie musste mindestens so groß und sehr viel älter als jede Sicheltanne in Europa oder in den USA sein, denn die ersten Samen dieser Baumart wurden frühestens um die Mitte des 19. Jahrhunderts importiert. Lassen Sie sich nicht von meiner Aufnahme täuschen! In Japan ist der Sonntag wie bei uns ein Feiertag. Fast den ganzen Nachmittag war die Sicheltanne von lärmenden Menschen in schicker westlicher Kleidung umlagert, die sich am Schrein gegen eine Gebühr ihre Zukunft weissagen ließen und dem Geist des Baums ihre Aufwartung machten. Ich fotografierte den Ort schließlich während einer kurzen, ungewöhnlichen Ruhepause.

Geselliger als ihre amerikanischen und mexikanischen Riesenverwandten aus der Familie der *Taxodiaceae* – Küsten- und Bergmammutbaum, Mexikanische und andere Sumpfzypressen – ist die Sicheltanne eine ungemein vielgestaltige Art. Wie Proteus vermag sie ihre Form und Farbe fast nach Belieben zu ändern. Im Laufe der Zeit entstanden so in Japan einige bizarre Sorten, die ihren Weg häufig auch in den Westen gefunden haben: 'Bandai-sugi' ist ein gedrungener Strauch mit Nadeln, die an dunkelgrüne Moosbüschel erinnern, bei der Sorte 'Spiralis' sind die leuchtend grünen Nadeln absurd gekringelt, und 'Vilmorinana' ist ein buckliger Zwerg, der in 30 Jahren nicht mehr als einen halben Meter wächst. Besonders schön ist 'Elegans', die sich wie eine Seeschlange krümmen und ihre Farbe im Lauf des Jahres wie ein Chamäleon wechseln kann. Werfen Sie einen Blick auf 'Elegans', wenn die spinnwebzarten bronzefarbenen Zweige von Schnee überhaucht sind! Es ist ein Genuss – bis der Schnee die Oberhand gewinnt und die Äste niederdrückt.

Rechts: DIE SICHELTANNE VON KIRISHIMA IM SÜDEN JAPANS: EIN SHINTO-SCHREIN, AN DEM MAN SEINE ZUKUNFT ERFAHREN KANN.

SICHELTANNE

Cryptomeria japonica

▶**Heimat** Japan und China, in luftfeuchten, regenreichen, wintermilden Bergwäldern, allein oder mit anderen Nadelbäumen; in Japan (var. japonica) bis in 400 m, in China (var. sinensis) bis in 2500 m Höhe

▶**Botanische Einordnung** Koniferen (Nadelbäume), Familie: Cupressaceae (Zypressengewächse; früher: Taxodiaceae, diese Familie ist nach neueren Studien nicht von den Cupressaceae zu trennen)

▶**Vermehrung** Durch Samen oder Stecklinge

▶**Zapfen** Kugelig, 1,5–3 cm, dunkelbraun, mit 2–5 geflügelten Samen pro Schuppe

▶**Verwertung** Ziergehölz mit sehr vielen Gartensorten; wichtigster Forstbaum Japans (und auf den Azoren)

Der andere Baum, unter dem Buddha saß

Als ich Anfang Dezember 2001 nach Tokio zurückflog, waren die Ginkgobäume in den Straßen immer noch honiggelb. Ich war verblüfft über das Durchhaltevermögen dieser Bäume. Selbst die langweiligsten japanischen Gehsteige leuchten im Herbst, wenn sich die exotischen, langstieligen Fächerblätter der Ginkgos golden färben. In den Parks nahe dem von Wassergräben umgebenen Kaiserpalast gibt es einige Riesenexemplare, mindestens so groß wie Linden oder Buchen in Europa. Besonders schön und alt sind jedoch die Ginkgobäume der buddhistischen Tempelanlagen.

Als der Buddhismus im 6. Jahrhundert n. Chr. von China aus nach Japan vordrang, führten die Japaner auch den Ginkgobaum ein. Ihrer Überlieferung nach war Buddha nämlich unter diesem Baum aus den gemäßigten Regionen Chinas und nicht unter dem tropischen Bodhibaum Indiens und Sri Lankas die Erleuchtung zuteil geworden. Deshalb wird der Ginkgo in Japan nicht nur in Gärten und Alleen angepflanzt, sondern auch als heiliger Baum verehrt. (Seine Samen sind wie in China ebenfalls sehr geschätzt, als Delikatesse und als Medizin.) Tatsächlich machte der erste Europäer in Japan Bekanntschaft mit einem Ginkgobaum: 1712 veröffentlichte der deutsche Arzt und Botaniker Kämpfer eine Beschreibung des sonderbaren Baums. *Ginkgo* ist offenbar eine Verballhornung des Japanischen *icho*, das sich wiederum vom Chinesischen ableitete. Hier hieß der Ginkgo aufgrund seiner Blattgestalt „Entenfuß".

Ehe ich Tokio verließ, erklomm ich eines Abends die Stufen zu einem der ältesten Ginkgos in Japan, einem Riesen, der den Buddhistentempel von Zempukuji beherrscht. Mit knapp 10 Meter Umfang und einer Höhe von 20 Metern ist er größer als jeder seiner Artgenossen in Europa oder den USA.

Ich fragte einen alten Mönch, ob er wüsste, wie alt der Baum sei. Der Mann deutete auf ein Schild. Darauf stand, dass der Ginkgo auf die Gründung der neuen buddhistischen Sekte Shinran-Shonin um das Jahr 1232 zurückginge. Wie bei der Franziskus-Zypresse in Verucchio (S. 90) hatte auch in Japan ein heiliger Mönch seinen Stab an der Stelle in das Erdreich gestoßen, wo er den neuen Tempel zu errichten gedachte, und „der Stab begann zu knospen und auszutreiben und wuchs schließlich zu einem stattlichen Ginkgobaum heran".

Zweifellos ist der Ginkgo so gut wie unsterblich. Als sich nach dem Abwurf der Atombombe der radioaktive Staub über Hiroshima verzogen hatte, entdeckte man 750 Meter vom Epizentrum der Detonation entfernt einen Ginkgo. Sein Stamm war zerstört, aber aus den Wurzeln wuchsen neue Triebe, und heute ist der Baum eines der Wunder von Hiroshima.

Rechts: Der Ginkgo von Zempukuji in Tokio wurde der Legende nach im Jahr 1232 gepflanzt. Auffallend die „Tschitschis", senkrecht nach unten wachsende Auswüchse an Stamm und Ästen, die – einzigartig im ganzen Pflanzenreich – nur an solchen uralten Ginkgos auftreten.

KAPITEL VIER

TRÄUME

GEFANGENE

Prospero (zu Ariel):

Wenn du mehr noch murrst,
So will ich einen Eichbaum spalten und
Dich in sein knot'ges Eingeweide keilen,
Bis du zwölf Winter durchgeheult.

William Shakespeare. der Sturm

Gefangene der Bäume

Etwa sechs Kilometer draußen im Busch, ein wenig abseits der Straße zwischen Derby und Broome, steht einer der berühmt-berüchtigsten Bäume Australiens: der „Gefängnis-Baobab", eine gewaltige braune Hohlkugel von einem Baum *(Adansonia gregorii)*, die gegen Ende des 19. Jahrhunderts als Gefängnis für Aborigine-Straftäter diente. Wenn die Polizei Aborigines beim Diebstahl von Vieh erwischte – auf Weideland, das die Eingeborenen nicht ganz unberechtigt als ihr Eigentum betrachteten –, mussten sie aneinander gekettet durch den Busch zum Gerichtsgebäude nach Derby marschieren, wo man ihnen den Prozess machte. Die letzte Nacht vor ihrer Ankunft in der Stadt verbrachten sie gefesselt im Innern des Gefängnis-Baobabs. Das zumindest ist die Story, die man den meisten australischen Touristen vorsetzt.

Aborigines erzählen hingegen, man hätte ihre Väter oder Großväter *im Schatten* und nicht im Innern des Baums angekettet. Der Baobab besaß nämlich wie so viele größere Exemplare seiner Art eine kultische Bedeutung: Man hatte ihn als Totenhaus für die Gebeine – und die Geister – der Vorfahren genutzt.

Möglicherweise lassen sich die beiden Geschichten miteinander vereinbaren. Es steht fest, dass hohle Baobabs hin und wieder als Behelfs-Zellen verwendet wurden, etwa in Wyndham, 650 Kilometer weiter im Nordosten. Andererseits spielten diese auffallenden Bäume, die zu Zehntausenden über die weiten Ebenen des Outback verstreut sind, schon immer eine wesentliche Rolle im Leben der australischen Ureinwohner. Es gibt Baobab-Kolosse von 25 Meter Umfang, deren ausgehöhlte Stämme Generationen von Aborigines Schutz geboten haben. Dabei kann ein und derselbe Baum als Vorratskammer, Wohnhütte, Versammlungsraum und Ahnenschrein gedient haben – und vielleicht auch als Gefängnis.

Wieder zurück in Derby, besichtigte ich einen Baobab, der angenehmere Assoziationen hervorrief, den so genannten „Dinner Tree". Viehtreiber machten hier noch einmal für eine ausgiebige Mahlzeit Halt, ehe sie ihre Herden hinunter zum Hafen am King's Sound brachten, um sie nach Perth oder noch weiter zu verschiffen. Ich aß mein Schinken-Sandwich in seinem Schatten, verzaubert von duftenden, weißen Baobab-Blüten, die dicht über meinem Kopf von Schmetterlingen bestäubt wurden.

Vorhergehende Seite: DER „GEFÄNGNIS-BAOBAB" BEI DERBY.
Seiten 112–113: BLÜHENDER BAOBAB INMITTEN VON TERMITENHÜGELN IN NORDWESTAUSTRALIEN.
Rechts: DER „DINNER TREE" BEI DERBY.

FREMDLINGE

O, weh'n deine Seufzer gen Libanon
Mit dem weiten Wind, der zum lieblichen Orient schwebt?
Weh'n deine Seufzer gen Libanon,
Dunkle Zeder, die sich auf hellem Hang erhebt,
Hoch gewachsen, umfächelt von fremdem Duft,
Nach Süden gewandt und belebt
Von Honigregen und süßer Luft.

Alfred Tennyson: Maud

Die rosa Riesen von Rotorua

Mein erster Fremdling ist der Küstenmammutbaum *(Sequoia sempervirens)*, der in dem zwei Hektar großen Rotorua-Park auf Neuseeland in der Gesellschaft lokaler Baumfarne und schwarzweißer Tui-Vögel etwas fehl am Platz wirkt. Die frühreifen rosa Kalifornier sind hier Bohnenstängeln gleich in die Höhe geschossen und entwickelten sich doppelt so schnell wie in ihrer Heimat. Obwohl erst 1901 gepflanzt, waren sie 1980 bereits 60 Meter hoch. Die Parkverwaltung, die zu jener Zeit noch das eine oder andere Fleckchen frei hatte, begann mit exotischen Bäumen zu experimentieren. Sie wählte zwei Arten aus: den Küstenmammutbaum, was man für gewagt hielt, und die ihrer Ansicht nach problemlose Europäische Lärche. Die Lärchen versagten, während die Mammutbäume die kühnsten Träume übertrafen.

Alle Bäume, die von der nordamerikanischen Pazifikküste stammen, scheinen auf der Nordinsel Neuseelands prächtig zu gedeihen, allzu prächtig, meinen viele Neuseeländer. Die heimischen Riesen wie Kaurifichte und Totara können es mit diesen aufdringlichen Neuankömmlingen nicht aufnehmen. So kommt es, dass heutzutage zwei kalifornische Arten, Monterey-Kiefer und Monterey-Zypresse, auf den windigen Ebenen Neuseelands dominieren – ironischerweise, denn gerade diese beiden leiden in ihrer Heimat am meisten unter dem Wind vom Pazifik.

Das Wachstum der Küstenmammutbäume in Rotorua grenzt jedoch selbst nach neuseeländischem Standard an ein Wunder. Ein Wald, der in 80 Jahren um mehr als 60 Meter Höhe zugelegt hat! Gibt es eine Erklärung für das Wunder von Rotorua? Mir ist zumindest ein Gerücht zu Ohren gekommen. Aber entscheiden Sie selbst, was Sie davon halten: Rotorua besitzt jede Menge Mineralquellen und Thermalbäder. Und die Mammutbäume nehmen die Mineralien mit dem Wasser auf wie manche Sportler Hormone. Was wohl die Tuis dazu sagen?

Und noch eine Preisfrage: Werden diese aufstrebenden Immigranten eines Tages ihre Eltern in den Küstenwäldern Kaliforniens überflügeln und sich zu den höchsten Bäumen der Welt entwickeln? Die Monterey-Kiefern und -Zypressen haben ihre Vorfahren längst überholt. Aber diese Vorfahren waren nie besonders groß. Dagegen leben die Küstenmammutbäume Kaliforniens im Überfluss: tiefe Täler, sumpfige Böden, feuchtes Klima. Ich denke, es wird noch einige Jahrhunderte dauern, ehe diese neuseeländischen Emporkömmlinge sie eingeholt haben.

Vorhergehende Seite: Kalifornische Küstenmammutbäume in Rotorua, Neuseeland. Erst hundert Jahre alt, doch hoch geschossen wie Raketen.

Rechts: Ausschnitt des Mammutbaumwalds in Rotorua. Auch die einheimischen Baumfarne fühlen sich in diesem Wunderland wohl.

Zur Verteidigung des Gouverneurs

Anfang 1707 erhielt Willem van der Stel, Gouverneur am Kap der Guten Hoffnung und der bei weitem mächtigste Weiße in Südafrika, einen höchst unerfreulichen Brief von seinem Arbeitgeber, der Niederländisch-Ostindischen Kompanie, die seit der Gründung der holländischen Kolonie am Kap im Jahr 1602 alle Fäden in der Hand hielt. Er war nicht nur gefeuert, sondern in Ungnade gefallen und unter Anklage gestellt.

Unter wütendem Protest (der bei Freund und Feind ungehört verhallte) reiste van der Stel nach Holland und wurde nie mehr in Afrika gesehen. Zurück blieb, etwa 50 Kilometer von Kapstadt entfernt, sein Besitz *Vergelegen,* das größte und schönste unter den niederländischen Landgütern am Kap. Van der Stel riss sich die halbe Kolonie unter den Nagel und residierte wie ein Fürst. Seine Gartenanlage in *Vergelegen* schmückten alle möglichen Exoten, darunter die edlen, 300 Jahre alten Kampferbäume *(Cinnamomum camphora)* auf dem Foto rechts.

Ich fing die Bäume 1996 in der Abendstimmung ein. Eine Bekannte war so freundlich, an den Säulen mit der „Sklavenglocke" zu posieren. 1835 wurde die Sklaverei von den Briten, die den Holländern das Kap entrissen hatten, abgeschafft.

Allerdings fiel der Gouverneur nicht etwa in Ungnade, weil er die Afrikaner schlecht behandelt hatte, sondern weil die „Freien Bürger" (eingewanderte Holländer und französische Hugenotten) Briefe in die Niederlande geschmuggelt hatten, in denen sie van der Stels Machenschaften bloßlegten: Er hatte seinen eigenen Agenten Konzessionen für den Fleisch- und Weinhandel zugeteilt und so versucht, das Monopol über die beiden wichtigsten Agrarprodukte nach Getreide an sich zu bringen.

Van der Stel verteidigte sich damit, dass seine Kritiker ihm den Erfolg neideten. Er sei der aufgeklärteste und tüchtigste Gutsherr am Kap. Seine Rebstöcke ergäben den besten Wein. Seine Bäume hätten den prächtigsten Wuchs. Werfen Sie einen Blick auf die Kampferbäume von Vergelegen, und es wird Ihnen schwer fallen, dem Gouverneur zu widersprechen.

Rechts: Kampferbäume auf Vergelegen bei Kapstadt.

Ein amerikanischer Blütengruß für den heiligen Antonius

Links: Eine Immergrüne Magnolie aus Amerika erobert den Kreuzgang der Antoniuskirche zu Padua.

Die Grabkirche des heiligen Antonius zu Padua enthält eine Fülle von sehenswerten Kunstschätzen. Noch erhebender finde ich allerdings den Kreuzgang mit seiner stattlichen Immergrünen Magnolie *(Magnolia grandiflora)*. Ich habe den immergrünen Baum an einem Sommerabend aufgenommen, als sich die schrägen Lichtstrahlen in den Unterseiten der Blätter fingen, die rostbraun behaart sind und mit den glänzend dunkelgrünen Oberseiten und den wachsartigen cremeweißen Blüten kontrastieren, die einen Durchmesser von fast 30 Zentimetern aufweisen. Der Baum war fast 25 Meter hoch und an die 150 Jahre alt – ein Riese auf dem Höhepunkt seines Lebens.

Es ist kaum zu glauben, dass ein so stolzer und eleganter Baum – mit Blüten, die größer und verschwenderischer als bei jedem anderen winterharten Gehölz sprießen – ursprünglich in den schlichten Wäldern und entlang der Wasserläufe im Südosten der USA wuchs. Wir Europäer könnten sogar auf den Gedanken kommen, dass die Magnolie in ihrer Heimat fehl am Platze ist, eingeengt von Weihrauchkiefern in Georgia oder unter das gemeine Volk der Palmen und Alligatoren in den Sümpfen Floridas gemischt. Wir kennen sie eben nur als Aristokratin. Tatsächlich galt sie bereits als vornehm, als sie im frühen 18. Jahrhundert von Amerika zu uns kam. Sie war der Schmuckbaum auf den Rasenflächen der großen Herrenhäuser, nicht das Wildgehölz aus den feuchten Flussniederungen. Auch heute sieht man sie noch in jener Küstenebene, eine Pyramide aus glänzenden Blättern und duftenden Porzellanblüten, die jeden Vorgarten von Washington bis Texas ziert. Aber wir finden sie auch bei uns, von der französischen Riviera bis nach Neapel, denn kaum ein anderer Baum bringt wie sie den Hauch von Palästen in die Vorstädte.

Was hätte wohl der heilige Antonius mit diesem Baum in seinem Kloster angefangen? Wie der heilige Franz von Assisi hatte er seine Freude an den Wundern der Natur. Ich denke, er hätte den Altar des Herrn mit den weißen Wachsblüten der Magnolie geschmückt.

IMMERGRÜNE MAGNOLIE

Magnolia grandiflora

▶**Heimat** Südöstliches Nordamerika: von North Carolina über Florida bis Osttexas, in Hartlaubwäldern des Tieflands

▶**Botanische Einordnung** Magnoliaceae (Magnoliengewächse)

▶**Vermehrung** Durch Samen, Sorten durch Stecklinge oder Veredelung

▶**Früchte** Zapfenartige Sammelfrüchte, 7–10 cm lang, braunfilzig, aus zahlreichen einzelnen Balgfrüchten, die bei der Reife aufklappen und von einem roten Mantel umhüllte Samen freigeben

▶**Verwertung** In wintermilden Gebieten sehr beliebtes Ziergehölz, in der Heimat als Möbelholz

Ein australisches Fossil für Bussaco?

Rechts: DIESER BUNYA-BUNYA-BAUM IN BUSSACO, PORTUGAL, IST EINE DER ARAUKARIEN AUSTRALIENS – UND HIER NICHT MEHR FEHL AM PLATZ ALS DAS POMPÖSE HOTEL IM HINTERGRUND.

Als Wellington 1810 die Franzosen auf der Pyrenäen-Halbinsel bekämpfte und mit seinen Truppen unterhalb der Kammlinie von Bussaco in Stellung ging, wählte er diese Position aus taktischen Gründen und nicht etwa aus botanischem Interesse. Aber die Karmelitermönche, deren Kloster Wellington am Abend vor der Schlacht zu seinem Hauptquartier machte, hatten auf diesem romantischen Hügel seit Jahren exotische Bäume angepflanzt, so etwa die „Zeder von Goa" (eine mexikanische Zypressenart). Wir wissen nicht, was Wellington über die Bäume von Bussaco dachte. Überliefert ist nur, dass er sein Pferd an einem Olivenbaum festband, der immer noch von britischen Besuchern bestaunt wird, obwohl er mittlerweile ziemlich alt und morsch wirkt.

Heute kennt man Bussaco vor allem wegen seines Parks und der exotischen Bäume, die dort in den letzten 300 Jahren ein neues Zuhause fanden. Die Mönche wurden 1834 vertrieben, und die Herrscher von Portugal übernahmen ihre Ländereien. Als königlicher Besitz blieb der Park ein Schaugarten ungewöhnlicher Bäume. Ein besonders bizarres Beispiel ist dieser Bunya-Bunya-Baum *(Araucaria bidwillii)* aus den Subtropen Australiens, der gegen Ende des 19. Jahrhunderts angepflanzt wurde. Das Klima ist in diesem Teil Portugals so mild, dass auch frostempfindliche Bäume unbeschadet die Winter überstehen und sich ebenso prächtig entfalten wie in ihrer Heimat. Ich habe im Lamington-Regenwald westlich von Brisbane Bunya-Bunya-Bäume gesehen, die um einiges mickriger waren. Das Exemplar von Bussaco gedeiht in einer entsprechend abgehobenen Umgebung: auf der Terrasse eines Palastes, den der König von einem Kulissenmaler Richard Wagners entwerfen ließ. Nach dem Zusammenbruch der portugiesischen Monarchie wurde der Palast in ein Luxushotel umgewandelt und mit bewegenden Mosaiken vom Sieg Wellingtons ausgestattet. Ich aß meine Sandwiches und bewunderte den mächtigen Stamm des Baums.

Der Bunya-Bunya-Baum ist eine von 40 Arten der Araukariengewächse *(Araucariaceae)*, die alle auf der Südhalbkugel heimisch sind. Ihre stacheligen Äste und die Blätter, die sie wie Reptilienschuppen umschließen, rufen in Europa Staunen und Verwunderung hervor. Am bekanntesten ist die Chilenische Araukarie, die auch im rauen Klima Nordwesteuropas gedeiht. Ihre drei australischen Verwandten Bunya-Bunya-Baum, Norfolktanne und Ostaustralische Araukarie sind nur in den wärmsten Gebieten Europas, zum Beispiel in Westportugal, winterhart.

Dann ist da noch ein Abkömmling aus dieser merkwürdigen Familie der Araukarien, ein Teenager von „down under", der gerade zum Sprung in die große weite Welt ansetzt. Bei diesem ungewöhnlichen Baum namens Wollemie (*Wollemia nobilis,* „Wollemi" bedeutet in der Sprache der Aborigines „schau mich an") handelt es sich um eine Art, die man bis vor kurzem nur als Versteinerung kannte. David Noble, ein Ranger des Wollemi National Parks in den Blue Mountains bei Sydney, entdeckte sie 1994 während einer Klettertour. Bis heute fand man etwa 40 ausgewachsene Exemplare, die meisten vom gleichen Klon und alle in einem botanischen Shangri-La, einer unzugänglichen Schlucht, verborgen.

Von diesen Überlebenden abstammende Jungpflanzen werden etwa 2005 auf dem Markt sein. Ich möchte unbedingt eine dieser Pflanzen ergattern. Und ich hoffe, dass ich schon bald meine Sandwiches unter einer Wollemie auf der Terrasse von Bussaco essen kann.

Knie hoch in Santorso

Was sucht eine amerikanische Sumpfzypresse *(Taxodium distichum)* an einem kleinen Ententeich in den Gartenanlagen der Villa Rossi im norditalienischen Santorso? Wo immer es im Osten und Südosten der USA, von Virginia bis zum Golf von Mexiko, warm und feucht ist, erhebt die Sumpfzypresse ihr elegantes, blassgrünes Haupt. In den Everglades, ein paar Stunden von Miami entfernt, gibt es kirchturmhohe Exemplare, die sich im Schlamm suhlen wie Wasserbüffel.

In Nordwesteuropa mit seinen zu kühlen oder zu trockenen Sommern fühlt sich der Baum selten wohl. Doch die Sumpfzypresse von Santorso ist in ihrem Element: Hier genießt sie Frühjahrsregen und heiße Sommer. In ihrer Nähe stehen drei jüngere Schwestern, die fast ihre Höhe erreicht haben. Was sie von ihnen unterscheidet, ist die Kolonie von Pneumatophoren neben dem gerippten Stamm mit der zimtfarbenen Rinde. Lange Zeit wusste niemand, weshalb erwachsene Sumpfzypressen, wenn es ihnen gut geht, diese seltsamen Gebilde aus dem Erdreich schieben, die wie Miniaturgipfel rund um den Stamm aufragen. Was hatten sie zu bedeuten? Schließlich kamen die Botaniker dahinter, dass diese Dinger die Wurzeln mit Luft versorgen, wenn der untere Teil des Stammes ganz oder teilweise überschwemmt ist. (Sobald die Sumpfzypresse eine gewisse Höhe erreicht hat, kann sie im Wasser wachsen.) Zu Deutsch heißen diese natürlichen Schnorchel übrigens „Atemknie" – eine seltsame Bezeichnung für surrealistische Gliedmaßen.

Links und rechts: EINE AMERIKANISCHE SUMPFZYPRESSE ZEIGT IM NORDITALIENISCHEN SANTORSO IHRE „KNIE" – EIN ZEICHEN DAFÜR, DASS SIE SICH WOHL FÜHLT.

LIEBE UND TANZ

Als Pierias Buchen die Musik vernahmen,
Den Berg hinab ins Tal sie kamen.
Dort lauschen sie, gebannt von seinem Lied,
Wie Säulen grün, in Reih und Glied.

Apolllinus Rhodius (3. Jahrhundert v. Chr.):
Die Buchen kommen, um Orpheus zu lauschen

Küss mich, ich bin ein Baobab

Als die Franzosen 1897 Madagaskar annektierten und die botanischen Schätze der Insel zu erforschen begannen, machten sie schon bald die erstaunliche Entdeckung, dass es hier nicht nur zwei (wie auf der übrigen Welt), sondern insgesamt sechs Affenbrotbaum- oder Baobab-Arten gab. Diese sechs Arten *Adansonia: za, grandidieri, rubrostipa, perrieri, suarezensis* und *madagascariensis* konnten fast jede Gestalt annehmen. Man stelle sich irgendeinen häuslichen Gegenstand vor: Krug, Flasche, Teekanne, Becher, Kerzenhalter oder Schornstein, man wird einen dazu passenden madagassischen Baobab finden.

Einige dieser Formen habe ich im letzten Kapitel dieses Buches vorgestellt. Hier jedoch habe ich zwei Beispiele ausgewählt, die weit über solchen prosaischen Dingen stehen. Die eng umschlungenen Stämme auf dem ersten Foto wurden von Experten als romantische Version der *Adansonia za* identifiziert und haben unter der Bezeichnung „Les Baobabs Amoureux" Berühmtheit erlangt. Das zweite Liebespaar besitzt eine starke Ähnlichkeit mit den Baobabs, gehört jedoch einer anderen Gattung an – *Pachypodium geayi* (Elefantenfuß oder „Madagaskarpalme"). Was für ein schwerfälliger Name für eine so innige Beziehung!

Das botanische Rätsel bleibt. Weshalb gibt es auf Madagaskar, knapp 1 300 mal 300 Kilometer groß und überwiegend Ödland, dreimal so viele Arten von Baobabs wie in ganz Afrika und Australien zusammen? Paläobotaniker bieten mehrere Theorien an. Die meisten haben mit Gondwanaland zu tun, dem Riesenkontinent, der die südliche Hemisphäre vor etwa 100 Millionen Jahren beherrschte und später in die Teile Südamerika, Afrika, Indien und Australasien zerbrach. Und in diesen Teilen entwickelten sich die Vorfahren der Bäume und sonstigen Pflanzen. Als sich die Arche Madagaskar gemäß der Theorie über Kontinentaldrift vor rund 50 Millionen Jahren von Afrika entfernte, hatte es zufällig die meisten Proto-Baobabs an Bord. Nur einer, der Vorfahr von *A. digitata,* blieb in Afrika, während ein anderer, *A. gregorii,* mit Australien davontrieb.

Aber warum gibt es keine Affenbrotbäume auf den übrigen Schollen des einstigen Gondwanalands, vor allem in den Ebenen Indiens, die genau das heiße, trockene Klima haben, in dem der Baobab so prächtig gedeiht? Manche Botaniker vermuten, dass der australische Baobab nicht vor 50 Millionen Jahren mit dem australischen Kontinent auf die Reise ging, sondern sehr viel später als Frucht von Madagaskar her angeschwemmt wurde. Das klingt weit hergeholt – ein madagassischer Same, der um die halbe Welt treibt, um einen fernen Kontinent zu kolonisieren. Aber man weiß, dass Früchte lange Meeresreisen zurücklegen – und am Ende noch Kraft genug zum Austreiben der Samen haben können. Das klassische Beispiel ist die Kokospalme, deren Früchte Tausende von Kilometern von der Mutterpflanze entfernt ohne Zutun des Menschen Kolonien gegründet haben. Nun ist so eine Kokosnuss relativ gut gerüstet für die Seefahrt. Aber auch der madagassische Baobab könnte wohl auf diese Weise in den Nordwesten Australiens ausgewandert sein. Wenn ja, dann reiste er in Gesellschaft anderer wagemutiger Geschöpfe, die den Weg über den Indischen Ozean wählten. So fand man kürzlich in einer australischen Sanddüne ein versteinertes Riesenei des ausgestorbenen Elefantenvogels.

Vorhergehende Seite: Eng umschlungene Baobabs in Toliaca auf Madagaskar – oder sind es Eleantenfüsse?

Rechts: „Die verliebten Baobabs" bei Morondava auf Madagaskar.

1590
STUFENLINDE

Tanz unter der Linde

Als John Evelyn 1664 *Sylva,* sein berühmtes Buch über Bäume, veröffentlichte, gab es in den meisten Dörfern und Städten Westeuropas noch uralte Linden, die im Mittelpunkt des geselligen Lebens standen. Evelyn führt als besonders bekannte Beispiele die Linden von Neustadt, Zürich und Kleve an. (Letztere ist, wenn mich nicht alles täuscht, auf dem Stich von Seite 130 abgebildet.) All diese alten Bäume wurden regelmäßig in einer bestimmten Form zugeschnitten und die tragenden Äste mit einem hölzernen Gerüst oder Steinsäulen gestützt.

Was Evelyn nicht erwähnt, vielleicht auch nicht wusste, ist die Tatsache, dass es so genannte „Tanzlinden" gab, die einen Stufenschnitt erhielten, damit man direkt ins Geäst ein hölzernes Musikantenpodium oder einen Tanzboden verlegen konnte. Die Sitte, sich um einen geschmückten Baum im Reigen zu drehen, geht bis in die Zeiten der heidnischen Baumkulte zurück. Das gilt vor allem für den Maibaum, in Deutschland meist ein stattlicher, mit Bändern und Tannengrün dekorierter Baumstamm, den man am Dorfanger aufrichtete, in Frankreich dagegen eher ein lebender Baum – *le mai,* der für festliche Gelegenheiten prächtig herausgeputzt wurde. Während der Französischen Revolution übernahmen die *Sans-culottes* den Maibaum als Baum der Freiheit, und fortan stand er Seite an Seite mit der Guillotine auf den Marktplätzen.

Der Brauch der Tanzlinden war älter und harmloser. Die meisten sind heute verschwunden: abgestorben oder gefällt, um Autoparkplätzen und Verkehrskreiseln Platz zu machen. Aber einige gibt es noch, vor allem in Mittel- und Süddeutschland, wo sie liebevoll gepflegt und gehegt werden. Die Stufenlinde rechts steht im fränkischen Grettstadt südlich von Schweinfurt. Ein Schild besagt, dass sie aus dem Jahr 1590 stammt. Aber diese Jahreszahl muss sich auf einen anderen Baum beziehen. Meiner Schätzung nach ist die Linde nicht älter als 150 Jahre, ein siebenstufiger Baum im vollen Saft. Die unteren Stockwerke dienen praktischen Zwecken, die oberen der Zierde. Früher traf sich die Dorfjugend innerhalb des Oktagons aus hölzernen Stützen, das den Stamm umgibt, zum ausgelassenen Maitanz. Die Blaskapelle hatte auf einem Podium über ihren Köpfen Platz genommen und spielte bis spät in die Nacht. Der Himmel weiß, wer sich auf der Plattform über den Musikanten herumtrieb oder was dort oben getrieben wurde. Aber so war es Brauch in Grettstadt. Arme alte Tanzlinde! Ihre Stufen werden immer noch zurechtgestutzt (inzwischen von der örtlichen Feuerwehr). Aber die Jungen und Mädchen aus dem Ort tanzen inzwischen lieber in der Dorfdisko.

Links: Die Tanzlinde („Stufenlinde") im fränkischen Grettstadt. Die Kapelle spielte im Obergeschoss, während sich unter dem Baum die Tanzpaare drehten.

SCHLANGEN UND LEITERN

Des Menschen erste Sünde, den Genuss
Von des verbotnen Baumes Frucht, die Tod
Und alles Weh erzeugt hat …

John Milton. Das verlorene Paradies

Das Dorf in der Baumkrone

1829 folgte Robert Moffat, der berühmte englische Missionar, einem sandigen Pfad durch den südafrikanischen Busch. Die Gegend etwa 1 500 Kilometer nördlich von Kapstadt war damals kaum erschlossen. Ein paar Kilometer im Westen der heutigen Stadt Rustenburg sah Moffat „einen schönen und riesengroßen Baum (eine *Ficus*-Art) in einem Hohlweg stehen, welcher in eine ausgedehnte, bewaldete Schlucht führte“. In seinem Tagebuch heißt es:

„Als ich bemerkte, dass sich einige Personen in seinem Schatten am Erdboden zu schaffen machten, und durch sein immergrünes Laub Kegelspitzen erspähte, die wie Miniaturhütten aussahen, trat ich näher und erkannte, dass der Baum von mehreren Familien der Bakone, den Ureinwohnern dieses Landes, bewohnt war. Ich erklomm den eingekerbten Stamm und entdeckte zu meinem Erstaunen nicht weniger als 17 dieser luftigen Behausungen, dazu drei weitere, die noch unfertig waren. Nachdem ich die oberste Hütte in etwa 30 Fuß Höhe erreicht hatte, trat ich ein und setzte mich. Sie enthielt nichts außer dem Heu, das den Boden bedeckte, einem Speer, einem Löffel und einer Schale voll Heuschrecken... Ich bat eine Frau, die mit einem Säugling an der Brust neben der Tür kauerte, um die Erlaubnis, davon zu essen. Dies gewährte sie mir mit Freuden und brachte schon bald mehr [Heuschrecken], zu Pulver zerstampft. Von den benachbarten Hochsitzen kamen weitere Frauen, von Ast zu Ast kletternd, um den Fremden zu bestaunen, der für sie die gleiche Kuriosität war wie für ihn der Baum... Sie pflogen diese Art des Hausbaus, um den Löwen zu entgehen, welche es in diesem Land sehr zahlreich gab.“

Moffats Geschichte von den 17 Hütten auf einem von Löwen belagerten Feigenbaum, veranschaulicht durch eine Illustration von Thomas Baines nach einer Skizze Moffats, erschien ein wenig dick aufgetragen. Aber wer hätte es gewagt, die Worte eines Missionars zu bezweifeln? Ob der Feigenbaum noch existierte? Historiker und Botaniker suchten ihn vergeblich. Dann stieß der südafrikanische Botanikprofessor Kirby 1967 unverhofft auf einen uralten wilden Feigenbaum von gewaltigen Ausmaßen (*Ficus ingens,* der Riesige), nicht weit entfernt von dem Weg, dem Moffat einst gefolgt war. Alles schien zu passen – Standort, Alter, Größe. Und es gab sogar eine Geschichte, dass die Eingeborenen dem ersten weißen Farmer hier von ihrer Baum-Begegnung mit Moffat erzählt hätten.

Ich fuhr 1999 selbst nach Bultfontein, um mir den Baum anzusehen. Er ist in der Tat ein Riese und wächst immer noch. Sieben seiner mächtigen Äste haben neue Wurzeln geschlagen, wo sie den Boden berühren. Seine Krone überschattet locker 35 Meter. Aber war auf diesen Ästen *wirklich* Platz für 17 Hütten? Vielleicht. Während des Burenkriegs (1899–1902) diente der Baum allem Anschein nach einigen deutschen Bauern und ihren Familien als Zuflucht vor den Engländern und den Buren. Gegenwärtig befindet sich in der Krone nur eine Hütte – oder besser eine Hüttenruine.

Eine Bekannte stieg die Leiter nach oben, fand aber nichts in der Hütte. Später erfuhren wir, dass die Hütte eine neuzeitliche Ruine war: Eine Fernsehgesellschaft hatte sie nach den Dreharbeiten zu *Robinson Crusoe* zurückgelassen.

Vorhergehende Seite: „Der bewohnte Baum“ – Lithographie von Thomas Baines nach Robert Moffats Skizze aus Südafrika (1829).

Rechts: Der bewohnte Baum heute – auf einer Farm namens Bultfontein.

Die 800 Korkenzieher von Verzy

Man fühlt sich etwas unheimlich, so mitten im Wald auf dem Hügel oberhalb von Verzy, etwa 15 Kilometer von Reims entfernt im Nordosten Frankreichs gelegen. Weiter unten liegen unsichtbar die Weinhänge mit ihrer beruhigenden Betriebsamkeit und jenen großen Namen wie Veuve Cliquot, die Champagner zu einem Symbol für Wohlstand und Erfolg gemacht haben. In der Märzsonne werden die noch kahlen Reben zu verschlungenen Arabesken gestutzt. Weiter oben, in der Kathedralenstille des Waldes, scheint alles naturbelassen. Und dieser Schein trügt nicht, wie man uns versichert hat.

Aber halt! Warum sind so viele der Buchen deformiert? Warum sehen sie verrenkter aus als die Reben, die weiter unten wachsen, warum sind die Bäume verkrüppelt, als wären sie dem Albtraum eines Gärtners entsprungen, diese gebeugten, krummen *tortillards*?

Seit dem 17. Jahrhundert wundern sich die Leute hier über diese „Korkenzieher", die sich zwischen Buchen, Eichen und Kiefern angesiedelt haben. Besonders dicht stehen *les faux de Verzy* (*fau* ist ein altes französisches Wort für „Buche", das sich vom lateinischen *fagus* ableitet) auf der Kuppe eines bewaldeten Hügels, der einst als heilig galt. Sowohl der heilige Basolus, der die Heiden Lothringens bekehrte, als auch der heilige Rémi, der Reims zum spirituellen Mittelpunkt Frankreichs machte, lebten hier als Eremiten. Mehr als ein Jahrtausend – seit dem 7. Jahrhundert n. Chr. – ragte die Basilika des heiligen Basolus über diesen Teil des Waldes auf. Als dann die Revolution ausbrach, verkaufte man ihre Steine als Baumaterial, und über die Ruinen wuchs allmählich Gras. Das Geheimnis blieb. Wie kamen die *tortillards* hierher?

Ich fuhr zu Beginn des Frühjahrs 2002 in die Gegend, in der Erwartung, ein paar Dutzend der buckligen Kuriositäten inmitten der hohen, aufrechten Eichen, Buchen und Kiefern vorzufinden, auf die französische Forstleute mit Recht so stolz sind. Aber die letzte Zählung, so erfuhr ich, hatte 800 *tortillards* ergeben. Botaniker gehen davon aus, dass es sich um eine genetische Mutation der Rotbuche *(Fagus sylvatica)* handelt. Einige Bäume entstanden aus Samen, ohne zu ihrer normalen Form zurückzukehren. Die meisten vermehren sich jedoch durch Schleppenbildung. Die Experten versichern, die *faux* seien eine völlig natürliche Angelegenheit und weder der heilige Basolus noch seine Mönche hätten die Hände im Spiel. Allerdings sei es „für die Wissenschaft ein Rätsel", weshalb diese Gestalten ausgerechnet im ehemaligen Klostergarten von Verzy und dann noch in solchen Mengen auftauchen. Anderswo – in Deutschland vor allem im Süden Niedersachsens (dort als Süntelbuche bekannt) und in Schweden bei Malmö – ist das Phänomen so begrenzt, dass man den wild wachsenden Korkenzieher-Populationen wenig Überlebenschancen einräumt. Bei anderen Baumarten tritt dieser Korkenzieherwuchs nur sehr sporadisch auf. In Verzy hingegen scheinen sich die Mutanten durchzusetzen.

Vielleicht sehe ich zu schwarz, aber ich finde, jemand sollte an die Gefahr für die Reben weiter unten denken. Zumindest sollte man vorsichtshalber ein paar Flaschen Veuve-Cliquot-Champagner einlagern.

Unten und rechts: DIE KORKENZIEHER-BUCHEN VON VERZY IM NORDOSTEN FRANKREICHS. HATTEN DIE MÖNCHE IHRE HÄNDE IM SPIEL?

Von Engeln bewacht

Mir ging der schwarze Protestsong „Hey, Lord, ain't you a right?" durch den Kopf, als ich auf John's Island in South Carolina zusteuerte. Ich fuhr durch flache Niederungen aus Marschen und Lagunen, aber es gab auch Wäldchen mit Amberbäumen und Kiefern und ein paar stattliche immergrüne Eichen (*Quercus virginiana*, die mächtige, moosbehängte Virginische Eiche, die an der Südostküste der USA daheim ist). Obwohl Charleston nur eine halbe Autostunde entfernt ist, liegen Welten zwischen hier und jenen weißen Holzveranden und Backsteinfassaden der Privilegierten.

Seit gut zweihundert Jahren haben auf dieser Insel vor allem Schwarze gelebt, zunächst als Sklaven auf den Baumwollplantagen, später als schlecht bezahlte Landarbeiter und Diener. Ich war hierher gekommen, um Angel Oak zu sehen, eine kolossale Virginische Eiche mit ausladenden Schlangenarmen, die mindestens ein Jahrhundert vor den Pflanzern und vor den Sklaven hier war. Der Ursprung ihres Namens ist prosaisch genug. Ein Richter namens Angel heiratete die Erbin des Besitzes, auf dem der Baum stand. Aber für die schwarzen Sklaven und deren Nachkommen wurde aus der Angel-Eiche rasch die Engel-Eiche. Baumkulte gehörten zu ihrem spirituellen Erbe, und deshalb sahen sie in den pythonähnlichen Ästen die Geister ermordeter Sklaven. Wie ein schwarzer Lehrer auf John's Island erklärte, glaubten die Leute, „an der Eiche würden Engel in Gestalt von Geistern erscheinen... [Nach] den Morden, die zur Zeit der Sklaverei in der Umgebung des Baums geschehen waren, erspähten Menschen, die das 'zweite Gesicht' besaßen, Geister... und sie dachten, dass die Geister mit den Engeln gekommen seien."

Trotz seiner düsteren Vergangenheit ist der Baum heute ein erhebender Anblick, vor allem, wenn die Aprilsonne durch das junge Blattwerk schimmert. Ich sah zwar nirgends einen Engel fliegen, entdeckte aber sein irdisches Äquivalent: einen Weißkopf-Seeadler, wie wir ihn von amerikanischen Münzen kennen.

Rechts: DIE ENGEL-EICHE AUF JOHN'S ISLAND, SOUTH CAROLINA, HEIMGESUCHT VOM GEIST ERMORDETER SKLAVEN.

Tödliche Umklammerung

Die Samen des Rata sind klein und sehen völlig harmlos aus. Vögel, die in der Astgabel eines anderen Baums sitzen, scheiden sie aus, und die Samen, gut gedüngt vom Vogelkot, beginnen zu wurzeln. Nun sitzt also der Rata in der Astgabel. Er entsendet stammabwärts lange Wurzeln zum Boden, die den Wirt immer stärker einschnüren. Nach 200 Jahren oder mehr ist der Stamm vollständig im Innern der Rata verschwunden und verfault. Welch feiger Mord! Nun entspannt sich der Rata wie ein Python nach einer guten Mahlzeit und tut so, als sei er selbst ein ganz normaler Baum.

Man betrachte die Aufnahme dieses Rata *(Metrosideros robusta)* im Bushy Park der Nordinsel von Neuseeland! Er gehört zu den größten Exemplaren, die man bisher entdeckt hat. Kaum jemand ahnt, dass sich im Innern des massigen Stammes eine Höhlung verbirgt, die genau die Umrisse des erwürgten Wirtsbaums aufweist. Und diese Wurzeln sehen völlig normal aus – bis man erkennt, dass sie von oben nach unten wuchsen, um den Wirtsbaum zu umschlingen, anstatt von unten nach oben.

Der Rata ist nicht immer ein Würger. Man sieht ihn gelegentlich am Waldrand stehen, im Frühjahr mit scharlachroten Blüten übersät. Offenbar haben diese Bäume sich dort selbst ausgesät, ganz ohne Hintergedanken. Auf einem Pass in den Neuseeländischen Alpen nahm ich ein paar Samen für meinen Park in Irland mit. Da sie aus großer Höhe stammen, keimen daraus möglicherweise Pflanzen, die robust genug für unser raueres irisches Klima sind.

Wer meinen Park aufsucht (Besucher sind immer herzlich willkommen), nehme sich vor neuseeländischen Würgern in Acht!

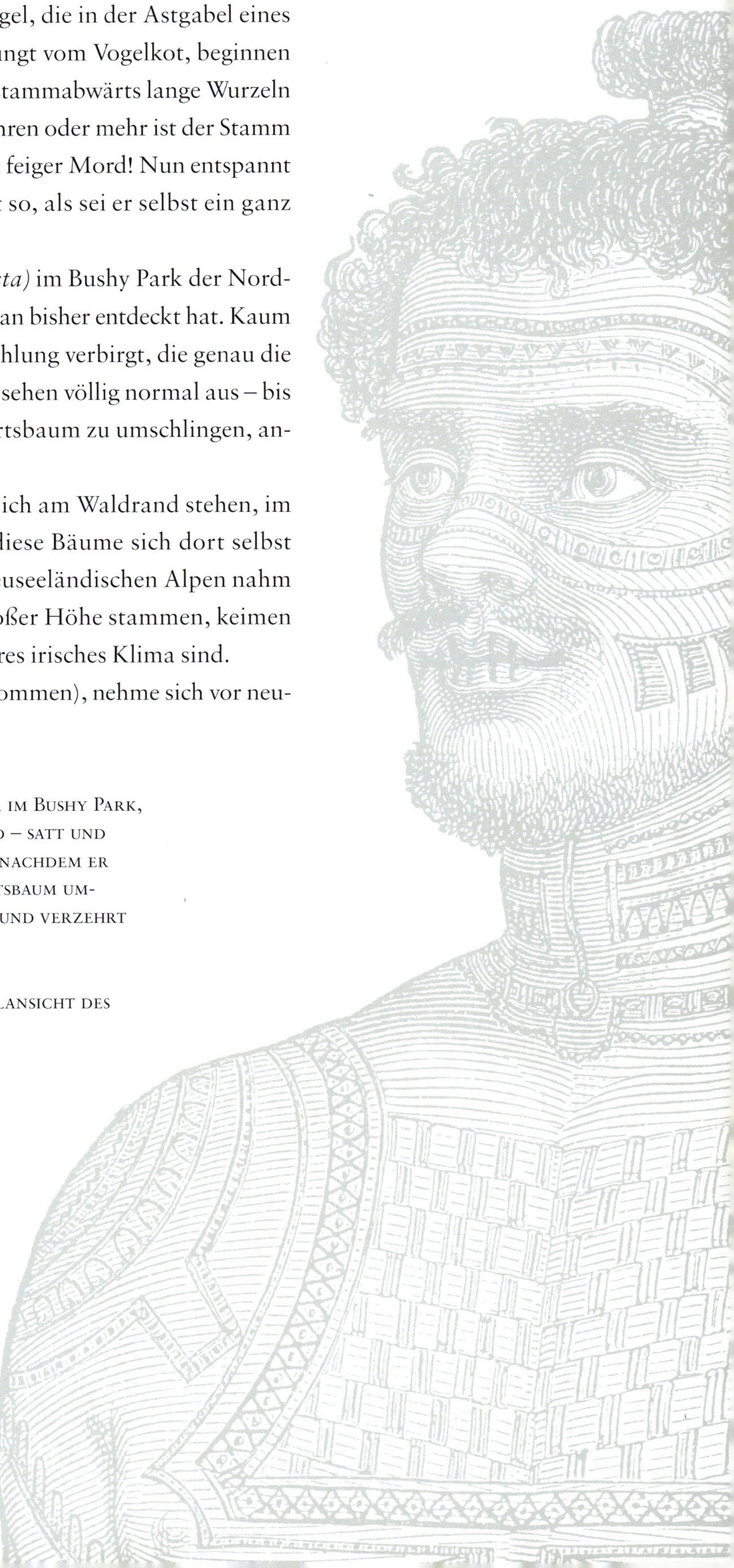

Links: Rata im Bushy Park, Neuseeland – satt und zufrieden, nachdem er seinen Wirtsbaum umschlungen und verzehrt hat.

Rechts: Teilansicht des Rata.

Ich bin ein völlig harmloser Python

In den Tropen heißen riesige Feigenbäume den Besucher mit ihren großen, glänzenden, ovalen Blättern willkommen. Aber Vorsicht! Viele sind im Grunde ihres Herzens ebenfalls Würger. Sie haben kleine Samen, aber ihre purpurnen Früchte sind wie die des Feigenbaums aus den Mittelmeerländern eine Delikatesse für viele Vögel, die sie in den Astgabeln ahnungsloser Wirtsbäume ausscheiden.

Manche Feigenbäume wenden jedoch weit weniger hinterhältige Methoden an, um sich einen Platz in der Welt zu sichern. So ist der Australische Banyanbaum *(Ficus macrophylla)* aus Ostaustralien ein echter Gentleman. Er erreicht erstaunliche Ausmaße – es soll bis zu 55 Meter hohe Exemplare geben – und wächst in der Regel vom Boden nach oben. Sydney ist voll von diesen Bäumen. Eines Tages entdeckte ich auf dem Vorplatz des Botanischen Gartens einen ganzen Schwarm von Schulmädchen, die es sich in den Ästen eines solchen Riesen bequem gemacht hatten. Seine Krone war mächtiger als alles, was ich je an Eichen- oder Buchenkronen in Europa gesehen hatte. Leider stoben die Schulmädchen davon, viel schneller, als ich meine Kamera hätte heben können.

Stattdessen fotografierte ich diesen Banyanbaum, der sich zu meiner Verblüffung über die Stufen des Botanischen Gartens von Coimbra in Portugal rekelte. Dieser zauberhafte Ort 15 Kilometer südlich von Bussaco, wo ich den Bunya-Bunya-Baum entdeckte, ist voll von diesen freundlichen Pythons. Ich saß ohne die geringste Furcht inmitten ihrer Windungen. Eine Warnung sei mir dennoch gestattet. Sie mögen zwar ungefährlich für Schulmädchen sein, wie der Baum in Sydney bewies. Aber sie haben eine unglückselige Vorliebe für Steintreppen. Coimbra, sei wachsam!

Rechts: BANYANBAUM IN COIMBRA, PORTUGAL – EIN BAUM, DER STEINTREPPEN VERSCHLINGT.

AUSTRALISCHER BANYANBAUM

Ficus macrophylla

- **Heimat** Australien (Queensland, New South Wales, Lord Howe)
- **Botanische Einordnung** Moraceae (Maulbeergewächse)
- **Vermehrung** Durch Samen sowie durch wurzelnde Seitenäste
- **Früchte** Birnenförmige, bis 2 cm große Feigen, grünlich bis purpurfarben, gelblich gefleckt
- **Verwertung** Zierbaum

Zwei Schlangen im Paradies

Die Birkenfeige *(Ficus benjamina)* im Botanischen Garten von Kandy auf Sri Lanka steht im krassen Gegensatz zu dem unbekannten Feigenbaum auf der nächsten Seite. Beide sind Schlangen aus demselben Garten Eden. Der unbekannte Feigenbaum hat, von seinem prächtigen Wurzelgeflecht mal abgesehen, nichts Ungewöhnliches an sich. Die Birkenfeige dagegen ist der berühmteste Baum des Gartens. Ihre herunterhängenden Zweige bilden eine riesige Kuppel, die während der Tageshitze Dutzenden von Familien Schatten spendet. So ein Gebilde würde in Afrika als „Palaverbaum" dienen, unter dem sich die Dorfältesten zu Verhandlungen treffen, Heilige ihre Betperlen durch die Finger gleiten lassen und Kinder spielen. (Ich sah einmal einen großen Feigenbaum im Süden des Sudan, nahe dem Nilufer. Er hieß in der Gegend immer noch „Gordon's Baum", obwohl fast 120 Jahre vergangen waren, seit der damalige Generalgouverneur Charles Gordon in seinem Schatten gesessen hatte.)

Die Birkenfeige hat eine Reihe von Luftwurzeln von ihren Ästen abgesenkt. Das lässt darauf schließen, dass sie ihr Dasein entweder als Würger hoch droben in der Astgabel eines anderen Baums begann (der jetzt von ihren Wurzeln umschlossen und erstickt ist) oder dass sie ihre Würgernatur nicht verleugnen kann, obwohl sie als eigenständiger kleiner Baum hier im Botanischen Garten gepflanzt wurde. Ich weiß es nicht. Aber die Birkenfeige sieht gelangweilt und nicht unbedingt aggressiv aus. Das unterscheidet sie von ihrem Verwandten, dem indischen Banyanbaum *(F. benghalensis)*, der eine ausgesprochene Ellbogenmentalität besitzt. Es gibt ein berühmtes Exemplar im Botanischen Garten von Kalkutta, ganz in der Nähe des Victoria Memorial Garden. Seine Äste haben so viele Luftwurzeln gebildet, dass sich der Baum allmählich in einen Wald verwandelt. Jede der kräftigen Stützen wird zu einem eigenen Banyanbaum. Vor hundert Jahren hatte seine Krone einen Durchmesser von knapp 30 Metern. Heute sind es fast 300 Meter. Ich denke, Königin Victoria hätte die Ambitionen des Baums, eine eigene Dynastie zu gründen, mit Wohlwollen betrachtet. Schließlich hatte sie selbst 40 Enkelkinder, von denen es viele zu Königen oder Königinnen brachten.

Rechts: Die Birkenfeige im Botanischen Garten von Kandy auf Sri Lanka – ein „Palaverbaum".

Links: Namenloser Feigenbaum, der seine knorrigen Wurzeln im Botanischen Garten von Kandy auf Sri Lanka ausbreitet.

GEISTER

Nun schob sich meine Hand ein wenig vor,
Ergriff das Ästchen eines großen Dornstrauchs;
Da schrie der Stumpf: „Warum zerbrichst du mich?“

Und bald geschwärzt vom eignen Blute, rief er:
„Warum zerreißest du mich so und hast
Kein Mitgefühl und kennest keine Schonung?“…

Dante: Die Göttliche Komödie,

Hölle, 13. Gesang

Pech für David Douglas

An einem düsteren Tag im Dezember 2001 fuhr ich über die regennasse Autobahn westlich von Seattle im Bundesstaat Washington, um einige der mächtigen Douglasien auf der Pazifikseite der Olympic Mountains zu fotografieren. Das schuldete ich meinem Helden David Douglas.

Man könnte sagen, Douglas sei der größte aller Pflanzenjäger gewesen. Er begann zwar als bescheidener Gärtner auf Scone Castle in Schottland und starb bereits mit 35 Jahren auf Hawaii, als er in eine Fallgrube geriet und aufgespießt wurde. Aber in seinem kurzen Leben, das ihn kreuz und quer durch den unerforschten Nordwesten führte, machte er eine Fülle von neuen Bäumen und anderen Pflanzen bekannt, darunter die Sitkafichte und die Douglasie *(Pseudotsuga menziesii)*, der er seinen Namen gab.

Ich wusste, dass sich fünf der größten Douglasien der Welt am Quinault Lake in einem eng begrenzten Gebiet mit einem sehr alten Waldbestand befanden. Mein Freund Bob Van Pelt, der bekannte Großbaumjäger, hatte sie mir einige Zeit zuvor auf der Nordseite des Sees gezeigt.

Leider blieb mir der Erfolg versagt. Die Bäume waren noch da, prächtige Douglasien, wie durch ein Wunder stehen geblieben, als die Holzfäller ihre Schneisen durch den Wald schnitten (und zweifellos noch größere Bäume fällten). Aber wie die Küstenmammutbäume weiter im Süden haben Douglasien ein distanziertes Verhältnis gegenüber Fotografen. Die graubraunen, korkigen Stämme erheben sich massiv und hoch wie Fabrikschornsteine aus dem Farnkraut, verschwinden aber schon bald in einem Dschungel aus grünem Laub, und ihre Wipfel bleiben unerreichbar für jedes Objektiv.

Da es mir nicht vergönnt war, einen Baum zu fotografieren, begnügte ich mich mit dem Stumpf auf Seite 153, dem Überrest einer Douglasie. Die Holzfäller kamen (vermutlich bevor dieses kleine Areal alter Wald unter Naturschutz gestellt wurde). Sie markierten den Baum mit einer Kerbe, in die sie eine Planke verkeilten, um den Mann mit der Axt zu stützen, und hieben ihn um. Die Kerbe entstellt den Stumpf immer noch und starrt dem Besucher wie ein boshaftes Auge entgegen. Aber in einem Regenwald bleibt nichts über längere Zeit hinweg leer oder unbenutzt. Die Samen der Westlichen Hemlocktanne *(Tsuga heterophylla)* liegen überall herum, und sie können mehr Schatten vertragen als die Samen der Douglasien selbst. Heute sitzt eine junge Hemlocktanne rittlings auf dem Stumpf, und ihre Wurzeln umgeben die Douglasie wie die Bänder und Sehnen eines Schaustücks aus der Anatomie. Daneben standen ein paar hohe, gespenstische Exemplare des Großblättrigen Oregon-Ahorns *(Acer macrophyllum)*, gebeugt unter der Last zotteliger Moose.

Ich hatte es nicht geschafft, meine Schuld bei David Douglas abzutragen. Dies und der Anblick all der traurigen Stümpfe dämpfte meine Stimmung. Vielleicht war es ein Glück für Douglas, dass er so früh starb (obwohl es natürlich schlecht war, wie er starb). Es hätte ihn mit Stolz erfüllt, dass man seine Tannen und Fichten zu Millionen in den Forsten Nordwesteuropas pflanzte. Aber es hätte ihn zutiefst betrübt, dass man die mächtigen Douglasien der alten Wälder den Äxten der Holzfäller auslieferte.

Vorhergehende Seite: Der Stumpf einer Douglasie am Quinault Lake im Staat Washington – vor langer Zeit gefällt, heute Heim einer jungen Westlichen Hemlocktanne.

Rechts: Westliche Hemlocktannen erobern Baumstümpfe in Hoh Valley, Staat Washington.

Links und rechts:
An Gespenster erinnern die in Spinnweben aus gelbem Moos gehüllten Oregon-Ahornbäume von Hoy Valley im Staat Washington. Das Moos verrottet mit der Zeit und versorgt die Baumwurzeln mit Nahrung.

Als Josua Moses durch die Wüste geleitete

Rechts: Ein Josuabaum (Yucca brevifolia) im Joshua Tree National Park, Kalifornien. Die Mormonen behaupteten, seine verkrümmten Äste seien Wegweiser ins Gelobte Land.

Im Jahr 1848 zog der erfindungsreiche Brigham Young (von dem ein Zeitgenosse behauptete, er verstehe „ein Volk zu führen wie Moses und tue dies mit der absoluten Gewissenlosigkeit eines Bonaparte") mit einer Schar schwer bewaffneter Männer von Missouri aus westwärts, um einen eigenen Staat außerhalb der Gerichtsbarkeit der USA zu gründen. Als sie das Wüstental des Großen Salzsees mit seinen stacheligen Yuccas durchquerten, gingen ihre Vorräte zur Neige. Youngs Anhänger begannen den Mut zu verlieren. Da deutete der große Mann auf die knorrigen Arme einer Yucca. „Seht ihr dort Josua?", rief er aus. „Er weist uns den Weg ins Gelobte Land."

Natürlich erreichten Young und die Mormonen ihr Paradies auf Erden. Sie gründeten den Staat Utah, auch wenn sie ein Jahr später enttäuscht feststellen mussten, dass ihr Exodus zumindest teilweise umsonst gewesen war. (Sie befanden sich erneut in den Vereinigten Staaten, da Mexiko, das eine Zeit lang Anspruch auf ihr neues Territorium erhoben hatte, das Land 1849 an die USA zurückgab.) Aber Young war es gewohnt, seinen Willen durchzusetzen, notfalls mit der Waffe in der Hand. So erschossen einige Mormonen kaltblütig 120 Männer, Frauen und Kinder aus Arkansas, die auf dem Trail nach Kalifornien in ihr Gebiet eindrangen. Lediglich die Kleinkinder wurden verschont. Young wies jede Verantwortung für die Bluttat von sich. Er war und blieb der einzige US-Gouverneur, der die Polygamie mit dem Eifer eines Propheten verfocht und zum wirtschaftlichen Erfolg führte. Als er 1877 starb, hinterblieben sage und schreibe 23 Ehefrauen daheim und zwei Millionen Dollar auf der Bank.

Und es blieb ein neuer Name für diese Yucca, die von nun an „Joshua Tree" oder Josuabaum hieß. Das hier abgebildete Exemplar steht im Joshua Tree National Park im Südosten Kaliforniens, nicht weit von der auf Seite 61 vorgestellten immergrünen Eiche entfernt. Die karge Mondlandschaft und die Bruthitze kommen Yuccas mehr entgegen als Eichen. Wie Baumfarne und Palmen sind Yuccas genau genommen keine Bäume, da ihr Wachstum nicht in Jahresringen von der Rinde aus erfolgt. Aber die Natur hat sie gut für ihre Umgebung ausgerüstet, denn ihre markreichen Stämme und gewundenen Äste sind hervorragende Wasserspeicher. Sie können bis zu 12 Meter hoch werden, und es gibt einen Rekordbaum mit einem Umfang von knapp fünf Metern. Angeblich kommen Yuccas mit einer jährlichen Niederschlagsmenge von etwa zehn Zentimetern aus. Ich kann nicht behaupten, dass ich sie schön finde. Aber es heißt, dass sich im Frühjahr, wenn es regnet –, falls es das tut – ihre verhärmten Züge entspannen und sie sich eine oder zwei Wochen lang mit gelben Blütengirlanden schmücken.

Es hatte wochenlang nicht geregnet, als ich dieses stachelige Ungetüm fotografierte. Dann kam mir ein ketzerischer Gedanke. Josuabaum – war das wirklich ein passender Name? Der Baum „weist uns den Weg ins Gelobte Land". Hatte sich der große Mann womöglich einen grimmigen Scherz erlaubt? Nein, das glaube ich weniger. Brigham Young mag ein Moses und ein Napoleon gewesen sein, aber Humor war sicherlich nicht seine Stärke.

JOSUABAUM

Yucca brevifolia

▶**Heimat** Südwestliches Nordamerika: Mohavewüste vom äußersten Südwesten Utahs über den Süden Nevadas und den Westen Arizonas bis ins südöstliche Kalifornien, in 600–1800 m Höhe

▶**Botanische Einordnung** Agavaceae (Agavengewächse)

▶**Vermehrung** Durch Samen oder Stecklinge

▶**Früchte** 6–10 cm lange, elliptische, anfangs grüne und fleischige, reif braune, trockene Kapseln mit vielen Samen

▶**Verwertung** Zierpflanze. Den Indianern dienten die Samen als Speise, aus den Wurzelfasern gewannen sie einen roten Farbstoff.

Das Mädchen im Schatten der Banyans

Links: Ein heiliger Baum auf Madagaskar, entstanden aus einem einzigen Banyanbaum, und der Ort, an dem einst ein Menschenopfer gebracht wurde.

Freunde empfahlen mir zwei Ausflüge in die Nähe der Stadt Toliara im Südwesten Madagaskars, beide zu heiligen Stätten der einheimischen Bevölkerung.

Der erste führte mich zum Grabmal von König Baba, einem Stammesherrscher der Makilolo aus dem 19. Jahrhundert. Das Grabmal bestand aus einem Steinhaufen, einer Urne und einer großen, zerbrochenen Glocke. Der Anblick der *Didierea madagascariensis* ganz in der Nähe rief einen angenehmen Schauer hervor. Diese baumförmigen Sukkulenten gehören zu den zahlreichen Endemiten Madagaskars, die die Insel zu einem Forschungslabor für Botaniker machen. *Didierea* scheint zur Begrüßung wie betrunken die großen grauen, dornenbedeckten Arme zu schwenken, die sich nur zur Regenzeit mit frischem Grün schmücken.

Der zweite Ausflug führte mich zu einem „heiligen Hain“ von Banyanbäumen *(Ficus spec.)*, den Freunde als einen Ort der Ruhe gepriesen hatten. Als ich dort ankam, etwa eine halbe Stunde vor Sonnenuntergang, herrschte eine sonderbare Stimmung, die auch auf dem Foto noch zu spüren ist. Das Tor der Einfriedung war versperrt. Man ließ mich ein und bat mich, die Sandalen auszuziehen. Es gab eine Reihe von Betonsitzen für Gläubige. Aber wer oder was wurde hier verehrt? Niemand konnte mir das sagen. Wahrscheinlich bestand der Hain aus einer einzigen Würgerfeige, die sich mithilfe von Luftwurzeln vermehrt hatte. Viele der Bäume standen nun einzeln da und waren so morsch, dass sie eher Gerippen als Stämmen ähnelten. Es war ein Wald der Skelette – nicht unbedingt ein Ort, an dem man nach Einbruch der Dunkelheit verweilen mochte.

Wieder im Hotel angekommen, erfuhr ich mehr über den Hain. Etwa 200 Jahre zuvor, in der Regierungszeit eines früheren König Baba, hatte eine schreckliche Dürre (oder war es eine schreckliche Überschwemmung?) das Königreich bedroht. Die Priester rieten dem Herrscher, eine Jungfrau zu opfern, um die Geister zu besänftigen. Sie wurde lebendig begraben, und aus ihrem Leib wuchs der Banyan, den die Anhänger des Animismus heute verehren.

Ich bin froh, dass mir diese Geschichte erst nach der Rückkehr in mein Hotel zu Ohren kam.

Ein Grab mit Aussicht

„Nun ruhst du fern von Karien, teuer verehrter Gast,
Ein Häuflein grauer Asche, hältst ewig du hier Rast."

Sollten Sie nach einem schönen Plätzchen als letzte Ruhestätte suchen, dann empfehle ich jene herrliche Insel in der Südwesttürkei, die heute Kekova heißt. Hier befand sich einst der griechische Handelshafen Tristomo („Drei Münder"), der als wichtiger Umschlagplatz für Oliven galt. Der Ort ist voller Sehenswürdigkeiten: eine mittelalterliche Festung zum Schutz gegen Piraten, eine Akropolis, ein Theater für griechische Tragödien sowie eine luxuriöse Nekropole. Die Gräber haben die beste Aussicht, die man sich vorstellen kann, im Norden die Berge Lykiens mit schneebedeckten Gipfeln bis in den Frühling, im Süden die verträumte Ägäis, halb verdeckt von Olivenbäumen.

Die Olivenbäume könnten nicht besser zu den Gräbern passen. Sie umgeben die Nekropole mit einem Hauch heiterer Unsterblichkeit. Nur ihnen gelingt es, einen Bezug zwischen neu sprießendem Leben – in Form von silbergrauem Blattwerk und schweren Früchten – und seliger Senilität herzustellen. Die unter der Last der Jahrhunderte gebeugten Olivenbäume werden im Lauf der Zeit löchrig wie Siebe. Dann sterben sie oder kippen um oder werden abgeholzt, und aus ihren uralten Wurzeln sprießen kurz darauf junge, kräftige Bäume. Wenn wir es dem Ölbaum nur gleichtun könnten!

Zumindest der oben besungene Heraklit, der in Karien lebte, weiter westlich an diesen zauberhaften Gestaden, fand hier Unsterblichkeit. Denn das Gedicht schließt mit den Zeilen:

Noch klingen deine Verse im Lied der Nachtigall,
Die Macht des Todes schwindet bei ihrem süßen Schall.

Falls meine Asche eines Tages auf Kekova verstreut wird, dann sollen auch meine Nachtigallen in den Olivenbäumen singen.

Rechts: Alte Olivenbäume und lykische Gräber auf Kekova, Türkei.

KAPITEL FÜNF

BEDROHTE BÄUME

BLEIBEN DIE ÄXTE IMMER SIEGER?

Reklametafeln sind wohl kaum
Ersatz für einen schönen Baum.
Tatsächlich aber sieht man bald
Vor lauter Brettern kaum noch Wald.

Ogden Nash: Fahrt ins Grüne

Esche zu Asche

Bleiben die Äxte immer Sieger? Außerhalb Nordamerikas scheint die Antwort schlicht und brutal Ja zu lauten. Innerhalb Nordamerikas herrscht Krieg zwischen Holzfällern und Umweltschützern – mit Siegen und Niederlagen für beide Seiten.

Beginnen wir mit Australien. Eine Spezies, die besonders schönes Holz liefert, ist die riesige, „Mountain Ash" („Bergesche") genannte Eukalyptusart *Eucalyptus regnans*, die früher große Teile von Victoria und Tasmanien bedeckte. Giganten von über 100 und vereinzelt sogar 120 Meter Höhe schmückten einst die Täler – von der Yarra-Kette im Norden Melbournes bis zum Fluss Styx in Tasmanien. Die Stämme ließen sich zu robusten, billigen Dachschindeln verarbeiten, und die Holzfäller waren begeistert. Das Gleiche galt für die australischen Steuerzahler, die vom Holzverkauf profitierten (die Wälder waren Staatseigentum), und die australischen Viehzüchter, die immer mehr Weideland für ihre Schafe und Rinder brauchten.

Noch vor hundert Jahren konnte man 65 Kilometer von Melbourne entfernt Kingsize-Exemplare der „Mountain Ash" bewundern. Da war der Mueller-Baum, benannt nach dem exzentrischen Baron von Mueller, der fast 20 Jahre lang als Botaniker im Dienst des Staates Victoria stand. Als man den Baum 1930 fotografierte, hatte er in Brusthöhe einen Umfang von über 20 Metern. Ein paar andere, damals noch stehende Artgenossen übertrafen ihn sogar. Außerdem gab es einen abgestorbenen Baum, den so genannten Bulga-Stumpf, der einen Umfang von gut 30 Metern besaß und damit an die Dicke des größten bekannten Bergmammutbaums in Kalifornien herankam. Aber die Könige sind tot, die meisten von Waldbränden vernichtet, und sie starben ohne Thronfolger. Heute gilt bereits ein Eukalyptusbaum mit dem halben Umfang des Mueller-Baums als Gigant, und es gibt kein einziges Exemplar mehr, das eine Höhe von 100 Metern erreicht.

Weshalb konnten sie so gründlich ausgerottet werden? Verglichen mit anderen Riesenarten wächst der Eukalyptusbaum extrem schnell und ist relativ kurzlebig. (Ein 500-jähriges Exemplar wäre schon ein Methusalem.) Sein ölhaltiges Holz macht ihn besonders anfällig für Waldbrände, die in den heißen, trockenen Sommern von Natur aus auftreten. Dazu kommen die Holzfäller, die Farmer und all die anderen hemdsärmeligen weißen Australier. Je mehr die ursprünglichen Wälder schrumpften, desto größer wurde die Waldbrandgefahr. Und wie sollen Könige für Thronfolger sorgen, wenn sie selbst in winzige Naturschutzgebiete verbannt sind?

Das Foto auf Seite 167 zeigt einen Bestand mit 70-jährigen „Bergeschen" bei Black Spur in Victoria: der Rest eines Waldes, den das Wasserwirtschaftsamt von Melbourne vor Holzfällern und Farmern gerettet hat. Ihre Vorgänger fielen einem Feuer zum Opfer; einige erneuerten sich durch Samen, andere wurden angepflanzt. Sie haben inzwischen die 45 Meter überschritten und bilden einen eleganten Kontrast zu den Baumfarnen.

Auf dem Foto rechts sehen Sie einen großen Eukalyptusbaum mit einem Umfang von knapp zehn Metern. Er steht ungefährdet in einem Naturpark, etwa 50 Kilometer östlich von Black Spur. Er ist der einzige alte Baum – abgesehen von einem noch weiter entfernten Veteranen. Alle seine Gefährten verbrannten oder wurden gefällt. Noch vor einem Jahrhundert hätte ihn keiner beachtet. Heute kommen die Enkel derer, die den Mueller-Baum kannten, und starren ihn an wie ein Wunder.

Vorhergehende Seite: „Bergesche" und Baumfarne in einer 70-jährigen Pflanzung bei Black Spur, Victoria

Seiten 164–165: Achtlos liegen gelassene Baumgerippe zu Füssen von Sitkafichten, die sich an der Küste von Ruby Beach im Staat Washington erheben.

Rechts: Eine der wenigen alten „Bergeschen", die im Gebiet der Yarra-Kette, Victoria, von der Axt verschont blieben.

Der Rückzug der Totara

„In diesem unbändigen Wald [der Gwavas Station] standen wir erstaunt vor mehreren 400- bis 500-jährigen *Podocarpus totara,* kenntlich an den tiefen Längsrillen der Borke. Das mächtigste Exemplar hatte einen Umfang von 22 m und eine Höhe, die wir auf knapp 100 m schätzten."

Ich las diesen zuverlässig klingenden Bericht über eine Neuseelandreise aus dem Jahr 1995 im *Yearbook of the International Dendrology Society* und staunte ebenfalls. Ein Totara von solchen Ausmaßen war in der Tat ein mächtiges Exemplar! Höher als jeder Baum der Welt mit Ausnahme der Küstenmammutbäume. Es erschien mir ratsam, das nächste Flugzeug nach Neuseeland zu nehmen, ehe der Koloss umstürzte oder ins Visier der Holzfäller geriet.

Dann kam mir der Gedanke, dass die IDS zwar eine akademische Gesellschaft ist, sich aber auch mal irren kann wie die Besten unter uns. Die Leute hatten Meter geschrieben und Fuß gemeint. Damit schrumpften Höhe und Umfang des mächtigen Totara auf ein knappes Drittel ihres stolzen Gardemaßes.

Als ich 1999 die Gwavas Station bei Napier auf der Nordinsel besuchte, sah ich schließlich die Totara und ihre Artgenossen mit eigenen Augen, und sie waren durchaus keine Winzlinge. Diese riesigen Steineiben beherrschten einst große Teile beider Inseln. Die Maori verwendeten sie (ebenso wie die Kaurifichte) gern zum Bau von Kriegsbooten, denn die gerippten Stämme waren nicht nur extrem lang und gerade, sondern obendrein fast so hart wie Eisen. Natürlich waren das genau die Eigenschaften, auf die es auch die Holzkonzerne abgesehen hatten. In anderthalb Jahrhunderten fällten sie gewissenhaft alle besonders langen, geraden und schönen Exemplare und verteilten sie in Form von Dachbalken, Brettern und Zäunen über ganz Neuseeland. (Noch in den 60er-Jahren wurden herrliche alte Bestände brutal gerodet. Und als sich einer der Kolosse als zu sperrig für das Sägewerk erwies, zerrte man ihn mit Bulldozern weg und verbrannte ihn.) Anschließend wurden die meisten alten Wälder in Acker- und Weideland umgewandelt oder mit schneller wachsenden Arten wie der Monterey-Kiefer aus Kalifornien wieder aufgeforstet. Das bedeutet, dass die gefällten Riesen keine Nachfolger haben werden.

Aus diesem Grund kommt Totara-Oasen wie der Gwavas Station eine besondere Bedeutung zu. Michael und Carola Hudson, die Besitzer des gut 1300 Hektar umfassenden Landgutes, sind berühmt für ihre exotische Parkanlage, in der man neben riesigen Douglasien ein Blütenmeer von seltenen Magnolien und Rhododendren bewundern kann. (Der Begründer des großen Anwesens, das sich seither in Familienbesitz befindet, kam 1858 aus Cornwall hierher, nachdem er die Tochter des Kutschers verführt hatte und von den Seinen als schwarzes Schaf verstoßen worden war. Siehe auch mein Buch *Meetings with Remarkable Trees.*) Die Totaras in ihrer natürlichen Umgebung überraschten mich. So muss Neuseeland ausgesehen haben, als die Maori sich hier ansiedelten: ein Dschungel aus Kletterpflanzen und kleinen Bäumen, aus denen die Totaras wie Türme aufragen.

Michaels unbändiger Wald war zu wild für mein Objektiv. Aber wir fuhren ein paar Kilometer weiter nach Westen, wo ein einzelner Totara in einem Jungwald überlebt hatte. Kein Koloss, aber ein prächtiges Exemplar mit einem Stamm, der an ausgestellte Hosenbeine erinnert, – eines der wenigen, die es heute noch in Neuseeland gibt.

Rechts: Ein Totara bei Napier, Neuseeland. Einst beherrschten riesige Totaras die alten Wälder Neuseelands. Heute trifft man nur noch selten auf ein schönes Exemplar.

TOTARA

Podocarpus totara

▶**Heimat** Fast ganz Neuseeland, in Wäldern von der Ebene bis in 600 m Höhe

▶**Botanische Einordnung** Koniferen (Nadelbäume), Familie: Podocarpaceae (Steineibengewächse)

▶**Vermehrung** Durch Samen

▶**Zapfen** Keine typischen Koniferenzapfen, Samen einzeln stehend, ei- bis kugelförmig, 3–5 mm lang, nussähnlich, auf einem roten, dickfleischigen Blütenbecher sitzend

▶**Verwertung** In seiner Heimat wertvolles Nutzholz, schon von den Maori für den Schiffbau bevorzugt; in wintermilden Gebieten als Ziergehölz

Der Mann, der gegen Riesen kämpfte

Im Mai 1994 kam Randy Stoltmann, ein 31-jähriger kanadischer Waldkämpfer, bei einem Bergunfall ums Leben, und Kanada verlor den Mann, der sich am mutigsten und effektivsten für die Rettung alter Wälder vor den Holzkonzernen eingesetzt hatte.

Der Baum auf dem Foto ist einer von Zehntausenden, die er und seine Freunde retteten: eine Sitkafichte *(Picea sitchensis)* im Carmanah Valley auf Vancouver Island. Sie gehört gewiss nicht zu den größten ihrer Art, sondern fiel mir (und meiner Kamera) ganz einfach ins Auge: allein in einer Schneise, die ein Sturm durch einen feuchten, von Bärlappgewächsen und Lakritzfarn überwucherten Teil des Waldes geschlagen hatte.

Sitkafichten gelten nicht unbedingt als schöne Bäume. Aber ich wette, dass sich hier draußen in den Urwäldern niemand ihrer Anmut entziehen kann, dem eleganten Schwung ihrer Wurzeln, der grauen, mit Moos und Flechten überzogenen Rinde, dem violetten Stamm, der sich 60 Meter höher im geheimnisvollen Laub-Baldachin verliert.

Dieser Teil des Waldes ist heute offiziell Randy Stoltmann gewidmet, weil man hier die höchste überlebende Sitkafichte der Welt entdeckte. Der so genannte „Carmanah Giant" misst von den moosgepolsterten Wurzeln bis zu seiner stachligen, windzerfetzten Spitze 96 Meter und gehört zu einer ganzen Gruppe von Riesenbäumen, die der Riesen-Holzkonzern MacMillan Bloedel fällen wollte, nachdem ihm die Regierung von British Columbia die Einschlagrechte erteilt hatte. Natürlich ergriffen in diesem modernen „Kampf der Giganten" Randy und diverse Umweltschutzgruppen aus dem Westen Kanadas die Partei der Bäume. Sobald die Holzfäller den Wald durch eine Straße zu erschließen begannen, alarmierten die Umweltschützer die Öffentlichkeit.

Um den Carmanah Giant und seine Nachbarn zu retten, musste ein möglichst großes Schutzgebiet geschaffen werden. Die Umweltschützer kämpften um jeden Quadratmeter. Nach zähem Ringen erklärte sich die Regierung 1990 endlich bereit, 3500 Hektar des unteren Tales als Naturschutzgebiet „Carmanah Pacific Provincial Park" auszuweisen. Aber was sollte mit den oberen Bereichen geschehen, einer Wasserscheide, die sämtliche Bäche ins Tal speiste? Die Umweltschützer gaben nicht auf, bis im Juni 1994 für das gesamte, 6700 Hektar umfassende Carmanah-Areal der Holzeinschlag verboten wurde.

Aber Vancouver Island ist knapp 500 Kilometer lang, und an der Westseite gibt es immer noch viele alte Wälder, die dem Kahlschlag preisgegeben werden. Ich fuhr ein paar Holzfällerstraßen entlang, von denen man wie ein Kaninchen flüchtet, sobald in der Ferne Scheinwerfer auftauchen: überdimensionale Holzlaster, die mit 100-Tonnen-Ladungen dahindonnern. Der alte Naturwald hat eine vielschichtige Struktur mit unterschiedlichsten Lebensräumen. Doch in Büros werden Planquadrate abgesteckt, abgeholzt und mit Douglasien-Monokulturen wieder aufgeforstet, die die Kahlschläge so bedecken wie Haare eine Wunde.

Um 1990 hatten die Holzkonzerne schätzungsweise drei Viertel der alten Wälder gerodet, die noch 1954 den Süden von Vancouver Island bedeckten – 8000 Hektar Baumbestand pro Jahr.

Ich hoffe, dass ich mich täusche, aber ich werde das Gefühl nicht los, dass Carmanah die große Ausnahme war. Angeführt von ein paar mutigen Leuten, siegten wenigstens einmal die Guten.

Rechts: Eine kanadische Sitkafichte im Randy Stoltmann Memorial Grove von Carmanah auf Vancouver Island. In diesem Schutzgebiet steht die höchste Sitkafichte der Welt – gerettet von Stoltmann und anderen mutigen Umweltkämpfern.

SITKAFICHTE

Picea sitchensis

▶**Heimat** Von Alaska bis Nordkalifornien, in Küstennähe und im Gebirge bis 1000 m Höhe in kühlen, feuchten Wäldern, in Reinbeständen oder zusammen mit anderen Koniferen

▶**Botanische Einordnung** Koniferen (Nadelbäume), Familie: Pinaceae (Kieferngewächse)

▶**Vermehrung** Durch Samen

▶**Zapfen** Zylindrisch, bis 3 cm breit und 10 cm lang, anfangs gelbgrün, reif dunkelbraun

▶**Verwertung** Wertvolles Nutzholz, auch in Nordwesteuropa wichtiger Forstbaum, Ziergehölz in Parks

Das Skelett am Nolan Creek

Rechts: Die „Nolan Creek Red Cedar“, der dritthöchste Riesenlebensbaum der Welt, wurde von den Holzfällern großmütig verschont. Da sie ihn jedoch seiner Gefährten beraubten, ist er heute ein Skelett.

1938 beschloss die Regierung der Vereinigten Staaten in Washington, D.C., nach langem Drängen der Naturschützer, knapp 5000 Kilometer entfernt auf der Westseite der Olympic Peninsular im Bundesstaat Washington einen Nationalpark anzulegen. Das rettete die ursprünglichen Wälder in den vier niederschlagsreichen Flusstälern von Bogachiel, Hoh, Queets und Quinault – deren Schätze bereits mehrfach in diesem Buch vorgestellt wurden – vor der Gier der Holzkonzerne. Aber, wie so oft an der nordwestlichen Pazifikküste zu beiden Seiten der kanadisch-amerikanischen Grenze, wurde der neue Park bewusst so abgesteckt, dass ein Großteil der wertvollsten alten Bäume außerhalb des Schutzgebiets lag.

Die rechts abgebildete „Nolan Creek Cedar“ stand einst mitten in einem alten Urwald westlich des Nationalparks. Vor knapp 30 Jahren erhielten die Holzfäller vom Staat die Lizenz, die gesamte Fläche abzuholzen. Als die Kettensägen diesen Riesenlebensbaum *(Thuja plicata)* erreichten und sich herausstellte, dass er der dritthöchste seiner Art auf der Welt war (54 Meter hoch und ein Volumen von 435 Kubikmetern), kamen sogar den Holzfällern Bedenken. Großzügig erklärten sie sich bereit, den Riesen zu verschonen – obwohl er ihren Worten nach einen Wert von 25000 Dollar hatte.

Und da steht er nun. Wenn die Holzfäller gehofft hatten, mit dieser Geste einen Beweis für ihre Naturliebe zu erbringen, dann wussten sie wenig über Bäume. Selbstverständlich hatte der Riesenlebensbaum keine Chance gegen den Wind, der über den Kahlschlag fegte. Zuerst starben die Moose und Flechten, dann begann der Baum selbst dahinzusiechen. Heute ist er ein ausgebleichtes Gerippe mit ein paar grünen Ästen. Ich denke, seine Botschaft ist unmissverständlich. Anstatt wie bei Carmanah das ganze Gebiet zu retten, hat man sich hier für einen faulen Kompromiss entschieden. Weshalb diesen König des Waldes am Leben erhalten, wenn sein Reich ringsum in Ruinen liegt? Nicht mehr lange, und auch seine Gebeine werden am Nolan Creek ruhen.

RIESENLEBENSBAUM

Thuja plicata

▶**Heimat** Pazifikküste Nordamerikas sowie nordwestliche Rocky Mountains

▶**Botanische Einordnung** Koniferen (Nadelbäume), Familie: Cupressaceae (Zypressengewächse)

▶**Vermehrung** Durch Samen, Sorten durch Stecklinge

▶**Zapfen** Länglich-elliptisch, bis 2 cm lang, bräunlich, verholzt, Samen geflügelt

▶**Verwertung** Wertvolles Nutzholz, Ziergehölz

ZEHN GRÜNE FLASCHEN

Zehn grüne Flaschen,
stehn an der Theke fein,
Und wenn eine runterfällt,
Dann sind es nur noch neun.
Neun grüne Flaschen,
stehn an der Theke fein…

KINDERREIM

Waldgeister

Ich habe einen Freund in Irland, dessen Vater einen guten Schluck schätzte. Als dieser starb, legte mein Freund einen Garten an, mit einer Mauer, die nur aus Flaschen bestand, zur Erinnerung an seinen Vater. Es wurde eine stattliche Mauer. Die Anlage nannte er „Garten der dahingeschiedenen Geister".

Daran musste ich eines Nachmittags denken, als ich in einem Einbaum durch die Bucht von Ifaty bei Toliara im Südwesten Madagaskars segelte. Unser Ziel war ein privater Naturpark für Baobabs (sowohl *Adansonia rubrostipa* als auch *A. za*). Er befand sich angeblich etwa einen Kilometer landeinwärts, umgeben von einem Dornenwald, der die Bäume vor Ziegen schützen sollte. Der Einbaum schoss durch das Wasser wie ein Delphin. Wie gut, dass ich vom Hotel aus kein Taxi genommen hatte! Die Sonne war kühl (auf der Südhalbkugel herrschte gerade Winter) und das Meer längst nicht so holprig wie die Hauptstraße.

Französische Botaniker, die zu Beginn des 20. Jahrhunderts für die Kolonialverwaltung ihres Heimatlandes arbeiteten, rieben sich die Augen, als sie die Schätze an seltenen Pflanzen sahen, die auf Madagaskar überlebt hatten. So gab es nicht weniger als sechs Arten von Baobabs, von denen jede einzelne die bizarrsten Formen annehmen konnte. Als ich den Dornenwald betrat, rieb ich mir ebenfalls die Augen. Die Bäume sahen aus wie Dämonen, Totenschädel, Flaschen, Teekannen. Flaschen gab es besonders viele. Als ich die schönste Gruppe für ein Familienfoto ausfindig gemacht hatte, ging die Sonne bereits unter. Und es war ein einmaliges Erlebnis, eine Schar zwölf Meter hoher Flaschen in der Farbe von rosa Elefanten lautlos durch das lange Gras anrücken zu sehen. Ich dachte an den Garten meines Freundes in Irland. Die Geister *hier* waren ganz gewiss nicht dahingeschieden.

Leider sind die Baobabs, wie ein Großteil der ungewöhnlichen Flora von Madagaskar, in großer Gefahr. Es geht hier im ariden Südwesten weniger um den Holzbedarf, da die Stämme der Baobabs schwammig sind und sich bestenfalls die harte Borke für Dachschindeln verwerten lässt. Das Problem ist vielmehr der klassische Teufelskreis der Entwicklungsländer: Armut, Übervölkerung, Zerstörung der Umwelt, dem nach und nach alle grünen Flaschen von Madagaskar zum Opfer fallen werden.

Vorhergehende Seite: EINE GRUPPE VON BAOBABS IM NATURPARK VON IFATY AUF MADAGASKAR, DIE WIE ROSA ELEFANTEN IN DER ABENDSONNE STEHEN.

Oben: DER GRÖSSTE BAOBAB VON IFATY ÄHNELT IN SEINER GESTALT EINER TEEKANNE.

Rechts: BAOBAB-ZWILLINGE IN IFATY. DORFBEWOHNER HABEN STUFEN IN DIE STÄMME GESCHNITTEN, DIE IHNEN ALS KLETTERHILFEN BEI DER SUCHE NACH WILDHONIG DIENEN.

Der Elefantenfuß

Botaniker geben Pflanzen mitunter gewagte Namen, und ich finde, dass sie diesem hoch gewachsenen, eleganten Geschöpf auf Madagaskar bitter Unrecht getan haben. Es heißt *Pachypodium geayi* und ist landläufig als Elefantenfuß bekannt (in Gärtnereien auch als „Madagaskarpalme"). Tatsächlich ähnelt es eher einer hohen, schlanken Glasflasche mit einer Quaste aus Ästen als Stöpsel. Ich entdeckte dieses Exemplar ebenfalls im Naturpark von Ifaty an der Südwestküste der Insel. Ich kannte die Art von Fotos, und sie steht auch nicht offiziell auf der Liste der bedrohten Pflanzen, aber sonst sah ich sie nirgends auf Madagaskar.

Der Dornenwald im Südwesten ist ebenso ungewöhnlich wie die Elefantenfüße und Baobabs, die er mit seiner stacheligen Barriere schützt. Die Mehrzahl dieser Bäume und Sträucher gibt es nirgendwo außerhalb Madagaskars. (Tatsächlich kommen 80 Prozent der auf mehr als 10 000 Spezies geschätzten einheimischen Flora nur auf der Insel vor.) Der Begriff „stachelig" wird ihren starken Persönlichkeiten im Übrigen keineswegs gerecht. Ein Botaniker beschrieb sie als „stachelig, borstig, sukkulent oder einen milchigen Giftsaft abscheidend oder beides". Ich hegte nicht den geringsten Wunsch, dieses Dickicht zu bezwingen. Tatsächlich hätte ich dafür einen Flammenwerfer – oder eine Ziege – gebraucht.

Südlich von Toliara schützt der Dornenwald die Küste ein paar hundert Kilometer und wird dann immer spärlicher, ehe er ganz verschwindet. Als im Jahr 1768 der Comte de Mondave bei Fort Dauphin wagemutig einen französischen Außenposten errichtete, empfand er das *Fehlen* des Dornenwalds als ausgesprochenen Nachteil. Deshalb führte er von der französischen Nachbarkolonie Bourbon (später Réunion) einen wehrhaften Kaktus ein – eine mexikanische Opuntie –, um einen undurchdringlichen Schutzwall zu schaffen. Diese breitete sich rasch aus, konnte allerdings nicht verhindern, dass der Comte und seine Freunde von den Madagassen massakriert wurden. (Die Franzosen waren so unklug, mit Sklaven zu handeln.) Um 1900 – die Insel war inzwischen eine französische Kolonie – nutzten die Antandroy-Krieger die Opuntie als taktische Waffe, um den Vormarsch der Franzosen aufzuhalten: Immer wieder fanden sich französische Kolonnen von Opuntien-Barrikaden eingekesselt. Als Gegenwaffe importierten die Franzosen die Cochenille-Laus aus Mexiko. Die Insekten fielen über die Kakteen her, produzierten nebenbei den berühmten roten Farbstoff und zerstörten die stacheligsten Hindernisse.

Ich saß in der Sonne und sah zu, wie einige Bauern Gras abbrannten. In ihrem Kampf ums Überleben haben die Einheimischen vor allem im trockenen Südwesten große Teile der Insel in karge Viehweiden umgewandelt. Deshalb scheint der elegante Elefantenfuß auf Madagaskar außerhalb der wenigen Naturschutzgebiete zum Untergang verurteilt zu sein.

Rechts: HOCH GEWACHSENER ELEFANTENFUSS BEI IFATY. IST DIESE ART BALD NUR NOCH IN SCHUTZGEBIETEN ANZUTREFFEN?

ELEFANTEN-FUSS

Pachypodium geayi

▶**Heimat** Trockenwälder im Südwesten von Madagaskar

▶**Botanische Einordnung** Der auch als Madagaskarpalme bekannte Baum gehört zu den Apocynaceae (Hundsgiftgewächse, zu dieser Familie zählen auch Oleander und Immergrün).

▶**Vermehrung** Durch Samen oder Kopfstecklinge

▶**Blüten** Bis 8 cm groß, weiß

▶**Verwertung** Sukkulente mit dichter Bestachelung, wie das ähnliche *Pachypodium lamerei* häufig als Zierpflanze

Sonnenuntergang für die Baobabs von Morondava

Es gibt wenige Alleen auf der Welt, zu denen Menschen pilgern, um den Sonnenuntergang zu sehen, aber die „Baobab-Allee“ in Morondava zieht die Bewunderer an wie das Licht die Motten.

Eigentlich ist „Allee“ nicht richtig, denn die Bäume wurden nie angepflanzt. Eine staubige Straße führt eine halbe Autostunde nördlich der Ortschaft Morondava an der Westküste von Madagaskar durch einen weitläufigen Hain von Baobabs, der früher einmal ein Wald gewesen sein muss. Es handelt sich hier um *Adansonia grandidieri,* und dieser Name (der auf die beiden französischen Naturgelehrten Michel Adanson und Alfred Grandidier zurückgeht) ist wie geschaffen für den grandiosesten aller Baobabs. Leider ist er selten und stark bedroht. Nach der jüngsten Erhebung kam er auf die rote Liste, da die Bestände immer mehr schwinden. Mehr Menschen, die Nahrung brauchen, bedeuten weniger Land für die Baobabs. Es gibt auf dem Weg von Morondava hierher noch ein paar verstreute Haine, aber niemand scheint sich um sie zu kümmern. Manche Bäume wurden erst in jüngster Zeit gefällt; aus den Stümpfen treiben frische Schösslinge. Bei anderen fehlen große Teile der Borke, die zum Decken der Hüttendächer verwendet wird.

Die Baobab-Allee ist eine Touristenattraktion und deshalb im Augenblick noch nicht gefährdet. (Selbst hier entdeckte ich aber einen frischen Stumpf und eine Reihe beschädigter Stämme.) Der gesamte Hain besteht aus etwa 100 Bäumen, und ihr Anblick erinnert an eine Landschaft von Salvador Dali. Die Stämme ragen in den Himmel wie sich verjüngende Metallröhren, gekrönt von propellerförmigen Ästen.

Ich kannte das Motiv von Postkarten. Man begegnet ihm auf Schritt und Tritt in den Souvenirläden und Hotels der Insel. Also mietete ich ein Taxi und ließ mich zusammen mit anderen Touristen hinbringen, um den Sonnenuntergang zu fotografieren. Zehn Minuten vor dem dramatischen Höhepunkt verlor die Sonne die Lust und verzog sich hinter ein Wolkenband.

Ich kehrte am nächsten Tag zurück und nahm mir stundenlang Zeit, um die Kamera längs der Allee auszurichten und mich auf den großen Höhepunkt meiner Reisen vorzubereiten. Lastwagen, voll beladen mit Landarbeitern und Agrarprodukten, rumpelten vorbei und hüllten mich in Staubwolken. Jedes Mal riss ich die Kamera vom Stativ und setzte sie wieder auf, nachdem sich der Staub gelegt hatte.

Sechs Uhr abends. Fünf nach sechs. Noch zwei Minuten? Lange Schatten begannen über die Straße zu kriechen. Der blassblaue Himmel färbte sich rosa. Jetzt? (Ich hatte noch nie zuvor einen Sonnenuntergang fotografiert.) Und dann trat aus dem Pulk fröhlicher Touristen, die neben mir am Straßenrand standen, eine sehr ausladende belgische Dame mit einer sehr kleinen Kamera und baute sich wie eine Titanin vor meinem Objektiv auf.

Ich schluckte. Hatte ich dafür in den stickigen Korridoren von 89 Flughäfen Schlange gestanden, 20 000 Kilometer staubige und gefährliche Straßen rund um den Globus bewältigt, in 18 Ländern und 62 schäbigen Motels übernachtet? Hatte ich dafür Kopf und Kragen riskiert, Eukalyptusbäume erklommen und mich unter Stacheldrahtzäunen durchgequetscht?

Mit Reisenden und Dichtern (sagte einmal Richard Burton) ist nicht zu spaßen. *„S'il vous plaît“,* sagte ich mit Donnergrollen in der Stimme, und die Titanin erbebte. Meine Kamera blinzelte kurz – und die Baobabs bei Sonnenuntergang gehörten mir.

Rechts: Die Baobab-Allee von Morondava auf Madagaskar am späten Nachmittag. Ich lag auf der Lauer, um den Sonnenuntergang zu erwischen.

Rechts: SONNENUNTERGANG AN DER BAOBAB-ALLEE – DER GRANDIOSE HÖHEPUNKT MEINER REISEN.

KAPITEL SECHS

HEIMAT

VERTRAUTE GESTALTEN

DIE EICHBÄUME

„... Aber ihr, ihr Herrlichen, steht wie ein Volk von Titanen
In der zahmeren Welt und gehört nur euch und dem Himmel,
Der euch nährt und erzog, und der Erde, die euch geboren.
Keiner von euch ist noch in die Schule der Menschen gegangen,
Und ihr drängt euch, fröhlich und frei, aus der kräftigen Wurzel,
Untereinander herauf und ergreift, wie der Adler die Beute,
Mit gewaltigem Arme den Raum, und gegen die Wolken
Ist euch heiter und groß die sonnige Krone gerichtet ...“

FRIEDRICH HÖLDERLIN

Die Tassilolinde in Wessobrunn

An einem sagenhaften Ort steht eine der grössten Linden Bayerns, die Tassilolinde in Wessobrunn.

Deutschland ist besonders für seine zahlreichen alten Linden bekannt, zumeist handelt es sich dabei um Sommerlinden *(Tilia platyphyllos)*. Das hiesige Klima sagt ihnen offenbar besonders zu und der Duft ihrer kleinen grüngelben Blüten verströmt selbst in Dörfern und Kleinstädten einen Hauch von Sommer. Linden erreichen vielfach eine stattliche Höhe und, wie gemeinhin angenommen wird, ein ebenso stattliches Alter. Einige Experten schätzen solche Methusalembäume auf tausend Jahre oder noch älter. Den Beweis wird man aber wohl auf ewig schuldig bleiben müssen, denn nahezu alle europäischen Baumriesen werden in hohem Alter innen hohl, sodass die Jahresringe nicht mehr vollständig sind.

Zu den größten und ältesten Bäumen Deutschlands zählt die berühmte „Tassilolinde", eine Sommerlinde im südbayerischen Wessobrunn. Der Überlieferung nach soll der Bayernherzog Tassilo III. bei einem Jagdausflug im Jahre 753 unter diesem Baum geruht haben. Dort träumte er, dass sich vom Baum eine Leiter gen Himmel strecke und am Fuß des Baums drei Quellen, die bei ihrer Vereinigung ein Kreuz bilden, aus dem Boden sprudelten. Später beschrieb ihm sein Jagdgefährte Wezzo die gleiche Szenerie, die dieser nun in Wirklichkeit gesehen hatte. Dies war für Tassilo der Anlass, bei den „Quellen des Wezzo" ein Benediktinerkloster zu gründen.

Die Tassilolinde ist heute sicherlich einen Abstecher wert. Sie ist 25 Meter hoch und hat in Brusthöhe einen Umfang von 13 bis 14 Metern. Vom Volumen her ist sie somit wohl als die größte Linde Bayerns anzusehen. Wirklich schön ist sie jedoch nicht. Ein Vergleich mit der Wolframslinde in Ried (siehe Seite 81) lässt sofort erkennen, woran es dem Baumdenkmal in Wessobrunn mangelt: Die Tassilolinde ist etwas aus der Form geraten. Vor mehreren Jahrhunderten mag sie durchaus eine Schönheit gewesen sein, heute wirkt der Baum, aus dessen riesigem, knorrigem und in sich gedrehtem Stamm drei hohe Kronenäste emporragen, eher unstrukturiert. Im Innenraum befindet sich eine große, freundlich anmutende Höhle, die sich zweifelsohne als hervorragendes Gästezimmer anböte, sollte es im Kloster einmal zu eng werden.

Seiten 186–187: Hutebuchen im Tinner Loh, Emsland. Die Baumform entstand durch jahrzehntelangen Vieheintrieb und Laubgewinnung.

Vorhergehende Seite: Krombacher Buche im Siegerland. Sie ist Überrest eines „Gebücks" (Wehrhecke), das im 15. Jahrhundert zum Schutz vor den „bösen Kölschen" (Kölnern) angelegt wurde.

Weißt du, wo die Tannen steh'n?

Eine uralte Wettertanne – vielleicht das einzige Exemplar, das es in Deutschland noch gibt – wurde eher durch einen Zufall wieder entdeckt:

Bei der Waldbesitzervereinigung Westallgäu gab es zum „Tag der Weißtanne" im Jahr 2003 Überlegungen, wie denn das Interesse der Waldbauern wieder vermehrt auf die selten gewordene Weißtanne *(Abies alba)* gelenkt werden könne. Die schnellwüchsige Fichte hat die Tanne überall im Land ins Hintertreffen geraten lassen. Ein regionaler Wettbewerb wurde ausgeschrieben und in der Presse bekannt gemacht: Zwei Wochen lang galt es, die stärkste Weißtanne des Westallgäus zu suchen! Dem Sieger winkten Pflanzgutscheine und ein Händedruck auf hoher Ebene, denn zur Preisverleihung hatte sich der zuständige Minister angekündigt. Nun gingen die Erwartungen der Veranstalter wohl eindeutig dahin, die Waldbauern durch die Präsentation starker und wertvoller Tannen nicht nur ästhetisch für die Tanne einzunehmen, sondern auch den kommerziellen Wert zu unterstreichen. Denn Tannen wachsen im Bestand sehr hoch, typischerweise mit über 40 Meter langen, kerzengeraden Stämmen und Stammdurchmessern bis 1,50 Meter. Was dann allerdings als Siegerbaum aus einem „finsteren Forst" bei Maierhöfen ans Tageslicht kam, war eher das genaue Gegenteil des Erhofften! Ein Einheimischer hatte sich an die alte „Kugeltanne" erinnert, die vor 50 Jahren noch im Freistand die hoch gelegene Alpe des Berges „Kugel" zierte und damals ein im weiten Umkreis sichtbares Wahrzeichen der Region war (siehe Foto links unten). In über 1000 Meter Höhe, fast unsichtbar, umwachsen vom dichten Fichtenforst, fand der Bauer den betagten Baum wieder. Die „Kugeltanne" ist heute ein zur Hälfte abgestorbenes, vom Alter gezeichnetes Ungetüm mit Urwaldcharme. Doch am 6,20 Meter starken Stamm ließ sich nicht rütteln. Die Veranstalter gewannen dem Überraschungsfund kurzerhand auch Positives ab. Wenn man sie auch aus Sicht der Forstbewirtschaftung nicht als wertvoll bezeichnen könne, sagte man sich, so sei diese urige Tanne doch ein Beleg für die Lebenskraft der heimischen Weißtanne. „Aus dieser Sicht hat sie sicher einen Preis für Hartnäckigkeit und Vitalität verdient", hieß es. Lob fand auch die Tatsache, dass der Waldbauer die alte Tanne bei der Fichtenanpflanzung vor etwa 30 Jahren immerhin stehen gelassen hatte, obwohl an derselben Stelle mit Fichten inzwischen über 1000 Euro zu erwirtschaften gewesen wären. „Diese Tanne ist ein Beweis dafür, dass Ökonomie und Ökologie bei unseren Waldbauern im Einklang sind", resümierte der Geschäftsführer der Waldbesitzervereinigung über die nachahmenswerte Einstellung.

WEISSTANNE

▶**Verbreitung** In Gebirgen Mittel- und Südeuropas, westwärts bis zu den Pyrenäen, ostwärts bis zu den Karpaten. In Deutschland vor allem im Schwarzwald sowie in Bayern und im Thüringer Wald in Höhen um 1000 m

▶**Botanische Einordnung** Koniferen (Nadelbäume), Familie: Pinaceae (Kieferngewächse)

▶**Vermehrung** Durch Samen, Sorten durch Stecklinge oder Veredelung

▶**Zapfen** Aufrecht stehend, schlank, 10–14 cm lang, anfangs grün, reif braun, nicht als Ganzes abfallend, sondern auf dem Baum in die einzelnen Schuppen zerfallend, wobei nur die Zapfenspindel stehen bleibt. Samenschuppen mit je zwei geflügelten Samen

▶**Verwertung** Wertvolles Bauholz sowie für Musikinstrumente, Rinde früher zur Gewinnung von ätherischen Ölen angeschnitten, Ziergehölz in Parks

Die Wettertanne, eine uralte Weisstanne im Westallgäu.

Ein lebendiges Gipfelkreuz

Nordwestlich von Ansbach in Mittelfranken erhebt sich oberhalb des kleinen Örtchens Hürbel am Rangen der Bocksberg, ein lang gestreckter Ausläufer der Frankenhöhe, den manche Sage umgibt. Auf dem Höhenrücken zieht, gleich einem Gipfelkreuz, die markante Baumgestalt der Kreuzeiche alle Blicke auf sich und empfängt ihre Besucher mit „ausgebreiteten Armen“. Wie kam diese Traubeneiche *(Quercus petraea)* zu ihrem Namen? Zwei nahe liegende Dinge haben sicherlich daran mitgewirkt: Zum einen ihr Standort an der Kreuzung zweier alter Handelsstraßen, die früher bekanntlich über die Bergrücken verliefen und die sumpfigen Täler mieden, zum anderen das eindrucksvolle Motiv des Kreuzes in ihrer eigenen Kronenarchitektur.

Eine historische Aufnahme aus dem Jahr 1902 belegt, wie weit sich die beiden Seitenäste einst nach Süden und Norden erstreckten. Der Südast legte damals 20 Meter weit aus, der etwas schmalere Nordast immerhin 17 Meter. Wird der damalige Stammdurchmesser von rund 1,50 Meter noch hinzugerechnet, so betrug der Kronendurchmesser dieser Mustereiche vor 100 Jahren fast 40 Meter! Eilig hat es die Kreuzeiche nie gehabt. Zäh und beharrlich hat sie sich auf dem trockenen Höhenzug behauptet und Jahr für Jahr weiter entfaltet. Obwohl die Krone breit ausufert und der Baum vollkommen frei steht, ist ihr Stammumfang binnen einem Jahrhundert nur um knapp 1,50 Meter angewachsen. Damit wird ein Alter bis zu 500 Jahren durchaus wahrscheinlich.

Zeitlos sind dagegen die Legenden, die sich um die Kreuzeiche ranken. Sie müssen selbst entscheiden, welche Überlieferung Ihnen vertrauenswürdig erscheint.

Es heißt, wenn der Baum winters kahl dasteht und die Nächte lang und dunkel sind, ganz besonders aber in den Adventsnächten, dann soll der ruhelose Fuhrmann Hans Hoi, den eigenen bluttropfenden Kopf unterm Arm, sein Unwesen treiben. „Hoi! Hoi!“, so schalle es vom Kutschbock herunter, wenn die Erscheinung vorüber galoppiere. Sechs stattliche schwarze Rappen zögen das Gespann im wilden Galopp zur Kreuzeiche, um den Bocksberg herum und wieder zurück. Zu weit hergeholt? Nun, garantiert dick aufgetragen, denn Rappen sind schwarz, auch wenn nicht gesondert darauf hingewiesen wird, ganz zu schweigen von ihrer Farbe in finsteren Nächten, wo schon jede Katze grau ist.

Einer harmloseren christlichen Überlieferung nach ist die Kreuzeiche zu ihrer eindringlichen Gestalt gekommen, weil sie früher zu einer kleinen Klosteranlage gehörte, die dem heiligen Burkhard zu Ehren um das Jahr 1430 errichtet wurde. Der heilige Burkhard war ein Vertrauter des berühmten Bonifatius, der als „Apostel der Deutschen“ im 8. Jahrhundert den christlichen Glauben von den britischen Inseln aufs germanische Festland brachte. Burkard wirkte als Missionar in Franken und war später Bischof im nahe gelegenen Würzburg. Manchmal ist es wirklich „ein Kreuz“ mit der Wahrheitsfindung!

Die Gestalt der Kreuzeiche ist unverwechselbar. Breitkronig beherrscht sie den Höhenrücken des Bocksberges im Naturpark Frankenhöhe nahe Ansbach.

Die tausendjährige Eiche in Nagel

Ein mächtiger Turm mit tiefen Furchen: die tausendjährige Eiche im fränkischen Nagel.

Der Traubeneiche *(Quercus petraea)* im fränkischen Nagel, zwischen Lichtenfels und Kronach, die zu den größten, ältesten und gewaltigsten Eichen in ganz Europa zählt, wurde niemals die Berühmtheit zuteil, die sie eigentlich verdient hätte. Sie stand ursprünglich an der alten Hauptverbindungsstraße von München nach Berlin. Seit jedoch in den 1930er-Jahren die Autobahn gebaut wurde, regiert der majestätische Baum über friedliche, einsame Wälder.

Der Baum befindet sich auf dem Anwesen eines zuvorkommenden Aristokraten, des Barons von Künsberg, der im benachbarten Schloss wohnt. Die Familie ist hier seit dem frühen 17. Jahrhundert ansässig und der Baron betrachtet die Eiche zu Recht als das Prunkstück seiner Sammlung.

Man sollte sich den Baum wirklich einmal ansehen (bei Gruppen wird um vorherige Anmeldung gebeten). Er erhebt sich wie ein Turm aus einem Dickicht von jungen Buchen und Eichen und wird von dem steil ansteigenden Gelände geschützt. Seine Abmessungen sind schlichtweg sagenhaft: Er ragt zu einer Höhe von 33 Metern empor und weist einen Umfang von über 9 Metern auf. Doch trägt er seine Fülle mit derartiger Leichtigkeit, dass man niemals vermuten würde, dass es sich hier von der Masse her um die größte Eiche Bayerns handelt. Der Stamm wächst die ersten 15 Meter kerzengerade in die Höhe und verzweigt sich dann wie die Finger einer riesigen Hand. An diesem Baum ist einfach alles großartig, wenn nicht gar gigantisch. Niemals zuvor hatte ich bei einer Eiche eine derartig (meines Erachtens bis zu 10 cm) tiefrissige und mächtige Borke beobachtet. Ihre Wurzeln erschienen mir gierig wie ein Nest Riesenschlangen.

Wie alt mag dieser außergewöhnliche Baum wohl sein? Gemeinhin werden derlei Eichen als „tausendjährig" bezeichnet. Könnte das tatsächlich das wahre Alter dieses Baums sein? Und wie sollten wir jemals Gewissheit erhalten, wenn das Holz nicht – wie durch ein Wunder – bis zur Mitte hin erhalten geblieben wäre und sich die Jahresringe mit Hilfe eines Bohrers zählen ließen?

Ich fragte beim Hausherrn nach. „Freilich," erwiderte er, „vor kurzem habe ich gegenüber dem Bürgermeister behauptet, der Baum sei 1 000 Jahre alt und darauf ein Fass Bier gewettet. Experten haben den Baum daraufhin angebohrt und die Ringe gezählt. Das Holz war beinahe bis zur Mitte intakt. Mein Fass Bier habe ich gewonnen."

TRAUBENEICHE

Quercus petraea

▶**Verbreitung** Europa, ostwärts bis zu den Karpaten; von der Ebene bis in mittlere Gebirgslagen, in Deutschland bis in etwa 700 m Höhe, vor allem im Spessart häufig

▶**Botanische Einordnung** Familie: Fagaceae (Buchengewächse)

▶**Vermehrung** Durch Samen, Sorten durch Veredelung

▶**Früchte** Typische, 2–3 cm große Eicheln, bis zu ¼ in einem dichtschuppigen Fruchtbecher geborgen, ungestielt (Unterschied zur Stieleiche)

▶**Verwertung** Wertvoller Forstbaum, Möbel- und Bauholz, Ziergehölz in Parks

Das Geheimnis der Süntelbuche

Im freien Feld, fern der Dörfer, steht nahe dem Waldrand des Heber eine verwunschene Buche. Im Sommer wirkt sie wie eine grüne Halbkugel aus dichtem Laub, denn ihr Gezweig biegt sich bis zum Boden. Wer näher herantritt und neugierig unter das schummerige Laubdach späht, der fühlt sich leicht in ein Märchen der Gebrüder Grimm versetzt. Einer solchen Buche könnten Hänsel und Gretel direkt vorm Hexenhäuschen begegnet sein. Der knorrige, gegabelte Stamm der Buche geht in Äste über, die korkenzieherartig verdreht in alle Himmelsrichtungen wachsen. Und dennoch mündet das ineinander verschlungene Astwerk in einen ebenmäßigen Schirm aus Zweigen, der kreisförmig zum Erdboden reicht. Im Süntel, einem Gebirgszug im Weserbergland, gab es einst viele der seltsam gewachsenen Buchen, die man deshalb botanisch auf den Namen *Fagus sylvatica* f. *suenteliensis* (= *Fagus sylvatica* ‚Tortuosa') getauft hat. Vergleichbare Vorkommen von Süntelbuchen sind sonst nur aus dem Nachbarland Frankreich bekannt, wo die geheimnisvollen „Faux" von Verzy wachsen (siehe Seite 140).

Heute weiß man, dass der scheinbar orientierungslose Wuchs durch eine Knospenmutation verursacht wird. In vergangenen Jahrhunderten glaubte man dagegen, dass finstere Mächte am Werk seien. Viele der krummen, kaum nutzbaren Buchen im Süntel wurden deshalb als „Hexenholz" oder „Deuwelholt" abgehackt und verbrannt. Eine der wenigen dort verbliebenen, die „Tillybuche" bei Raden, brach in den 1990er-Jahren auseinander. Sie hatte mit gut 5 Meter Stammumfang als die stärkste Süntelbuche Deutschlands gegolten. Um das vorzeitige Auseinanderbrechen der Süntelbuche am Heber zu verhindern, hat man ihren bizarren Seitenast sorgsam auf einem Metallgerüst abgelegt und die Kronenteile durch Stahldrähte verspannt. Wenn ihre Zeit eines Tages kommen wird, so steht fünfzehn Meter entfernt bereits ein kleiner Nachkömmling, der derzeit 2 Meter hoch ist und es auf „stolze" 80 cm Stammumfang bringt. Die Mutterbuche befindet sich dagegen auf dem Höhepunkt ihrer Entwicklung, sie ist einzigartig in ihrer Größe und Ausprägung. 6 Meter Umfang misst der gebogene Stamm, der bei der bekanntermaßen reduzierten Wuchsfreude von Süntelbuchen zum Staunen anregt. Wie die Buche überhaupt an ihren Platz kam, ob sie als Ableger vom Süntel hergebracht wurde oder ob sie einer eigenwilligen Buchecker aus dem lokalen Laubwald entsprang, das wird auf ewig ihr Geheimnis bleiben.

Die alte Süntelbuche am Waldrand des Heber, nahe Ackenhausen, könnte ohne weiteres in einem Märchen der Brüder Grimm einen Platz finden.

ROTBUCHE

Fagus sylvatica

▶**Verbreitung** Schwerpunkt in Mitteleuropa, von Südengland und Nordspanien über Frankreich, Deutschland und Polen nach Osten bis zur Weichsel, im Norden bis Südskandinavien, im Süden über Italien bis zu den Karpaten im Südosten; von der Ebene bis in Gebirgslagen, in Deutschland dominierender Waldbaum bis in etwa 1600 m Höhe

▶**Botanische Einordnung** Familie: Fagaceae (Buchengewächse)

▶**Vermehrung** Durch Samen, Sorten durch Veredelung

▶**Früchte** Glänzend braune, 2 cm lange, kantige Nüsschen (Bucheckern), zu zweit von einem vierklappigen, verholzenden, bei der Reife aufspringenden Fruchtbecher umgeben

▶**Verwertung** Wertvoller Forstbaum, Möbel-, Furnier- und Brennholz, Früchte in Notzeiten als Nahrung und zur Ölgewinnung, Ziergehölz in Gärten und Parks

Der Koloss auf hölzernen Füßen

In Deutschland haben die Menschen eine Vorliebe für Linden. In den Gärten der Burgen und Schlösser, auf Höfen und Dorfplätzen stößt man oft auf alte und mitunter ausgesprochen umfangreiche Exemplare dieser Gattung. In Heede an der Ems, im Nordwesten der Bundesrepublik Deutschland, steht der landesweite Rekordhalter, was den Umfang angeht: die Riesenlinde zu Heede. Sie ist ein hölzerner Koloss, ein gigantisches Bollwerk der Natur, nicht ohne einen Anflug von Ehrfurcht zu umrunden. Ein Steinkreis aus dicken Findlingen rund um die flache Anhöhe unterstreicht die Besonderheit ihres Standorts. In einer Strophe des Heeder Heimatliedes wird diese riesige Winterlinde *(Tilia cordata)* voller Bewunderung besungen:

> „In Heede erhebt sich ein Stamm wie ein Wald,
> mit viermal vier Bäumen Jahrhunderte alt,
> wie unsere Linde so groß und so schön,
> ist keine noch jemals auf Erden gesehn."

Wer nachzählt, vermag noch elf baumstarke Äste dingfest zu machen, die steil aus dem überdimensionierten Stammsockel entspringen, sich bis in eine Höhe von 26 Meter emporschrauben und fast 30 Meter weit ausspannen, womit sie den gesamten ehemaligen Burghof in ihren Schatten legen. Der Legende nach hat man die Schärpenburg im Jahr 1467 um den Baum herum errichtet. Bei der Burgzerstörung während des Zweiten Holländischen Kriegs um 1673 soll der Baum bewusst bewahrt worden sein. „Lasst keinen Stein auf dem anderen, schleift die Gemäuer und Gebäude, die Linde aber lasst steh'n!", so soll der siegreiche holländische General angesichts der Heeder Linde seinen Truppen ausdrücklich befohlen haben. Vielleicht steckt ein Quäntchen Wahrheit dahinter, vielleicht ist die Geschichte auch geschönt. Tatsache ist, dass die Mehrstämmigkeit des Baums auf ein katastrophales Ereignis zurückgeht, bei dem die Primärkrone komplett verloren ging. War es ein Sturm, der den Stamm entzwei brach? Oder ein Blitz, der in die Krone des Baums einschlug? Wir wissen es nicht mehr. Der alte Lindenkoloss bewahrt sein Lebensgeheimnis und steht heute als wohl dickste vollholzige Linde Kontinentaleuropas vor uns. Ihre ehemals 16 Achsen haben einen gigantischen Stamm von 16 Meter Umfang geformt.

Die Linde in Heede hat gewaltige Dimensionen erreicht. Sie ist mit 16 Meter Stammumfang die wahrscheinlich stärkste Linde Europas.

Eine botanische Kostbarkeit

Auf dem Dorfanger von Gülitz im Westprignitzer Land erhebt sich die knollige Gestalt einer uralten Flatterulme *(Ulmus laevis)*. Ihr zentraler Standort am Dorfanger hat sie zum Mittelpunkt des Dorflebens gemacht. Die Kinder spielen gern rund um den Ulmenbaum und nutzen seinen von Wülsten und Knollen übersäten Stamm auch schon einmal als Klettergerüst. Später, im Erwachsenenalter, werden sie vielleicht einmal ein schlechtes Gewissen bekommen, weil sie das einzigartige Naturdenkmal so arglos bestiegen haben. Doch der Ulme könnte wirklich Schlimmeres passieren. Botanisch betrachtet ist sie bereits eine Kostbarkeit, denn seit dem vorigen Jahrhundert werden die Ulmenbestände Europas durch die so genannte Holländische Ulmenkrankheit immer mehr dezimiert. In zwei heftigen Schüben ab 1919 und nochmals nach 1960 ging diese gefährliche Pilzerkrankung wie eine Seuche übers Land und hinterließ allerorten vertrocknete Ulmenruinen. Überträger der Krankheit ist ein Borkenkäfer, der im Frühling und Sommer an den Blättern und Blattachseln seinen Reifefraß hält und dabei die Sporen des Schadpilzes überträgt.

Die Gülitzer Ulme hat alle Gefahren bis heute überstanden. Fast 10 Meter Umfang hat sie erreicht und darf mit Recht das Prädikat „dickste Ulme des Landes“ tragen. Alljährlich wird rund um den Baum das Erntedankfest gefeiert. Früher ließen sich vor dem Baum auch jedes Jahr die Schulklassen der Gülitzer Dorfschule ablichten. Doch die Zeit der Dorfschulen war irgendwann vorbei, heute werden die Klassenfotos in der Stadt gemacht. Früher befand sich die Ulme auch noch in Nachbarschaft zum Friedhof. Sie stand an der Friedhofsmauer, wo sie möglicherweise bewusst angepflanzt wurde, denn Ulmen galten im Mittelalter als Symbol der Totenehre und des ewigen Lebens. Der frühere Standort lässt sich ohne weiteres belegen, denn einige dicke Wackersteine der längst verschwundenen Mauer hat sich der mächtige Beulenstamm regelrecht einverleibt. Zum Großteil sind die Steine überwallt, nur einige lugen noch aus der Borke hervor.

FLATTERULME

Ulmus laevis

▶**Verbreitung** Mittel- und Osteuropa, Balkan, von Mittelfrankreich über Deutschland und Polen bis zum Ural. Baum der Ebene, vor allem zusammen mit Stieleiche, Schwarzerle und Spitzahorn im Bereich der Hartholzaue an Flüssen

▶**Botanische Einordnung** Familie: Ulmaceae (Ulmengewächse)

▶**Vermehrung** Durch Samen und Wurzelbrut

▶**Früchte** Lang gestielt, anfangs grünlich, später bräunlich eintrocknend, 1–3 cm groß, rundlich, Samenkörper in der Mitte, umgeben von einem häutigen, gewimperten, dünnen Saum

▶**Verwertung** Früher als Nutzholz und als Ziergehölz in Gärten und Parks, heute selten gepflanzt, da durch die Ulmenkrankheit gefährdet

Die alte Ulme auf dem Gülitzer Dorfanger im Westprignitzer Land: wertvolles Naturdenkmal und liebenswerter Spielplatz für die Kinder.

Das Lied der Arven

INMITTEN DES STEINERNEN MEERES: DIE URALTE ARVE KLAMMERT SICH IN ÜBER 2000 METER HÖHE AN BLANKEN FELS.

Die Arve *(Pinus cembra)*, auch Zirbe oder Zirbelkiefer genannt, gilt als die „Grannenkiefer Europas". In den unwirtlichen Höhenstufen zwischen 1 500 und 2 500 Meter behauptet sich diese fünfnadelige, lichtliebende Kiefernart an der Waldgrenze der Alpen und erreicht dort Lebensalter von vielen hundert Jahren. Wer die Arve im deutsch-österreichischen Naturschutzgebiet „Steinernes Meer" erreichen will, der braucht festes Schuhwerk und ist mit einem Wanderstab gut beraten. Von der deutschen Seite aus gibt es einen idyllischen Zugang, die Fahrt mit dem Elektroboot über den kristallklaren Königssee hinweg nach St. Bartholomä bildet dazu den Auftakt. Von der Fährstelle der kleinen Siedlung geht der Anstieg vier Stunden hinauf zur Berghütte „Kärlingerhaus" nahe dem trichterförmigen Funtensee. Der Wanderpfad führt eine Zeit lang durch die Lärchenwaldzone. Erst am Ende der serpentinenreichen und furchtbar steilen Saugasse (die man keinem Borstentier zumuten möchte, die aber mit einem herrlichen Blick auf den 2 712 Meter hohen Watzmann belohnt) öffnet sich das Gelände mehr und mehr ... und die Arvenzone beginnt. Es gibt hier kleine Arvenhaine, doch auf den Kalksteinnasen am Rande des Wegs ragen auch einzelne von Wind und Wetter gezeichnete Baumgestalten auf. Ihr Wurzelwerk klammert sich in über 1 500 Meter Meereshöhe theatralisch an blanken Fels.

Das Kärlingerhaus bietet in der Bergsteigersaison die letzte Gelegenheit für eine kräftigende Vesper im gewohnten Ambiente der Zivilisation. Empfehlenswert, denn danach führt der Weg weitere zwei Stunden bergauf in Richtung „Zirbenmarterl". Gemartert vom schweren Aufstieg, doch überglücklich ist dann schließlich das über 2 000 Meter hohe Felsplateau des Steinernen Meeres erreicht, licht bestanden von den faszinierendsten Arvengestalten, die man sich vorstellen kann. Ein stetiger Wind bläst hier über die felsübersäten Höhen. Wer im Schatten unserer alten Arve rastet und sich auf eines der grünen Schneeheidepolster bettet, hört das eigentümliche Summen der Arvennadeln: Weich und wohlklingend ist dieses Geräusch, ein sanfter Gesang der Arve im Wind. Wer zur Ruhe kommt und versonnen nach einem tief hängenden Ast greift, ist überrascht, wie weich und biegsam die Nadeln sind. Im harten alpinen Überlebenskampf siegt das Weiche. Wie viel sengende Hitze und Trockenheit haben die Arven im Steinernen Meer ertragen müssen, bis ihre entrindeten Stämme und Äste so ausgebleicht waren? Wie viele tosende Winterstürme und klirrende Fröste haben sie wohl tapfer über sich ergehen lassen? Am Funtensee weiter unten fiel die Temperatur am Weihnachtstag 2001 auf den deutschen Rekordtiefststand von – 45,9 ° C!

ARVE

Pinus cembra

▶**Verbreitung** Hochgebirgsbaum an der Waldgrenze in den Alpen und Karpaten, außerdem vom östlichen Nordrussland bis Mittelsibirien im Tief- und Bergland

▶**Botanische Einordnung** Koniferen (Nadelbäume), Familie: Pinaceae (Kieferngewächse)

▶**Vermehrung** Durch Samen, die vom Tannenhäher als Winterfutter in Verstecken deponiert und so verbreitet werden. Sorten durch Stecklinge oder Veredelung

▶**Zapfen** Eiförmig, 6–8 cm, anfangs blaugrün bis violett, reif zimtbraun, nicht aufspringend, mit ungeflügelten, essbaren Samen („Zirbelnüsse")

▶**Verwertung** Wertvolles, aber selten noch verwendetes Nutzholz, Samen früher als Nahrungsmittel verwendet. Ziergehölz in Gärten und Parks

Schattenwurf auf die europäische Geschichte

„Fällt ihr Schatten auf Rudolfs Haus,
dann ist's mit allen Welten aus!".

Sinnsprüche und Mythen umgeben die mächtige Linner Linde nicht von ungefähr. Sie steht solitär auf dem Kamm des Bözbergs. Von hier aus ist der Turm der Habsburg, des 1020 erbauten Stammsitzes der Habsburger, zu erkennen. In gut zwei Kilometern Entfernung ragt er aus einer bewaldeten Anhöhe im Osten, etwas tiefer gelegen als die Linde. Fast müsste man schon sagen südöstlich der Linde, weshalb es auch so schwer ist, den geheimnisvollen Orakelspruch zu erfüllen. Die Linner Linde im Aargau ist nicht nur die berühmteste Linde der Schweiz, mit genau 11 Meter Stammumfang ist sie auch die dickste und sehr wahrscheinlich die älteste Linde des Landes. Manche meinen, sie sei 800 Jahre alt, also sogar so alt wie die Habsburger, deren königlich-kaiserliche Dynastie im Mittelalter aufkam und bis in die Neuzeit kein Ende nehmen wollte. Auch geographisch nicht, denn von den Habsburgern sagte man zu ihrer Glanzzeit, sie herrschten über „ein Reich, in dem die Sonne niemals untergeht". Alte Bäume und alte Burgen vertragen sich ausnehmend gut, sie sind aus demselben poetischen Guss. Ihre Koexistenz über Jahrhunderte hinweg bindet sie in der Vorstellung der Menschen oft immer enger zusammen und verdoppelt die Fantasie und Legendenbildung. Doch auch kühle Köpfe werden auf den Plan gerufen, angeblich soll sich sogar schon ein Mathematiker mit dem Problem des bedrohlichen Schattenwurfs befasst haben, dahingehend, ob es denn rein physikalisch möglich wäre, die Sonne bei ihrem Untergang so weit im Nordwesten zu haben, dass Sonne, Baum und Burg auf einer Linie liegen.

Licht und Schatten, Wahrheit und Legende, Glück und Unglück haben die Linde zu einem Mythenbaum werden lassen, in dessen weit gefächertem Geäst sich Geschichte und Zeitgeist festmachen. Eine Geschichte besagt, dass die Linner Linde auf ein Pestgrab gepflanzt worden sei. Eine Pestepidemie vom Jahr 1384 und ein weiterer verheerender Seuchenzug im Jahr 1669, bei dem die Bevölkerung der Bözbergdörfer fast ausgelöscht wurde, sind aktenkundig. Demnach wäre die Linde „nur" etwa 330 Jahre oder über 650 Jahre alt. In dieser Angelegenheit ist leider kein „goldener Mittelweg" möglich.

Auch die biologische Gestalt des Baumes ist reizvoll. Der Stamm wirkt wuchtig, die dicht beblätterte Krone hat die Form eines abgerundeten Quaders. In der Gesamtheit eine gedrungene Erscheinung, die zum Artprofil der Winterlinde *(Tilia cordata)* passt. Auch die kleinen herzförmigen Blätter deuten stark in diese Richtung, wohingegen die Früchte, was die Größe angeht, ein bisschen aus der Art schlagen. Also vielleicht doch eine Sommerlinde? Weil der Fototermin des Deutschen Baumarchivs an der Linde in den September fiel, haben wir uns vor Ort auf den nahe liegenden Kompromiss „Septemberlinde" geeinigt. Schöner wäre es natürlich auch hier gewesen, wenn der „goldene Mittelweg" offen gestanden hätte. Wem sich die Gelegenheit bietet, die legendäre Linner Linde als „Herbstlinde" im goldenen Oktober zu besuchen, der sollte wirklich nicht zögern!

Der Volksmund hat ein enges erzählerisches Band zwischen der uralten Linner Linde und dem europäischen Herrscherhaus der Habsburger geknüpft.

WINTERLINDE

Tilia cordata

▶**Verbreitung** West-, Mittel-, Ost- und Südosteuropa bis in 1500 m Höhe, in sommerwarmen Wäldern mit Eichen und Hainbuchen sowie Ahorn und Esche, in Osteuropa an der Waldgrenze auch in Reinbeständen

▶**Botanische Einordnung** Familie: Tiliaceae (Lindengewächse, diese Familie wird neuerdings in die Malvaceae eingeschlossen)

▶**Vermehrung** Durch Samen, Sorten durch Veredelung

▶**Früchte** Etwa 6 mm große, kugelige, dünnschalige, kaum gerippte, einsamige Nüsschen

▶**Verwertung** Zier- und Forstbaum, Holz für Tischlerei und Schnitzereien, Holzkohle für Zeichenstifte, Bast in der Gärtnerei zum Binden, Blüten für Tees, wichtige Bienenweide

Ein Ahorn auf der Sonnenterasse

Wenn von einem Bergahorn *(Acer pseudoplatanus)* in der Schweiz die Rede ist, dann meistens von einem altehrwürdigen Exemplar, das 700 bis 800 Jahre lang im Zentrum von Truns am Vorderrhein stand. Am 16. März 1424 versammelten sich dort der Gotteshausbund, der Obere oder Graue Bund und der Zehngerichtebund, um ihren künftigen gemeinsamen Grauen Bund zu beschwören. Damit wurde der Trunser Bergahorn zum Zeugen der Geburtsstunde Graubündens und damit gleichzeitig zum Wahrzeichen der Unabhängigkeit von Habsburg. Dieser Baum, sozusagen das Wahrzeichen des „Schweizer Unabhängigkeitstags", fand im Jahr 1870 ein jähes Ende. Ein Sturm warf den noch immer hartnäckig grünenden Bergahorn um, wonach die Bündner in regelrechte Staatstrauer verfielen. Ihr höchster „Pundtsmann" (Bundesgenosse) war gefallen. 1890 grub man den Wurzelstrunk des Ahorns aus. 4 000 Personen standen Spalier, als man ihn feierlich in den Landrichtersaal trug.

Dem Bergahorn auf dem Haldi bei Schattdorf, Kanton Uri, blüht kein solches Schicksal. Der nächste „Landrichtersaal" ist weit, sodass die berechtigte Aussicht besteht, dass die Überreste dieses Baums einst komplett in den Kreislauf der Natur zurückkehren werden. Haldi ist eine dünne Streusiedlung auf einem sonnigen Plateau oberhalb von Schattdorf, das in der Touristiksprache auch griffig als „Sonnenterasse" bezeichnet wird. Vorbei an der hübschen Dorfkapelle auf grünem Hügel führt der Weg im leichten Anstieg zum südöstlichen Rand der Siedlung. Hinter dem letzten Gehöft, einen Steinwurf entfernt von einem abgelegenen Almkuhstall, in einer Landschaft, in der weiße Felsbrocken wie markante Wegzeichen aus den saftig grünen Matten ragen, dort, wo die Zivilisation endet und die Süessberge beginnen, stehen Wandersleute unvermittelt vor der knorrigen Gestalt dieses Bergahorns. In 1 240 Meter über Meeresniveau, umrahmt von Zweitausendern, macht der Bergahorn von Haldi seinem Namen alle Ehre. Die Einheimischen schätzen ihn auf ein beträchtliches Alter von 400 Alpenjahren. Wie ein unbekannter König thront er auf einem erhabenen, drei Meter hohen Sockel aus weißem Kalkfels und fruchtbarer Erde, vollkommen eingebettet in seine Umgebung. Wie aus dem Äther gemeißelt wirken die Äste, die sich zu keiner Geraden hinreißen lassen, sich himmelwärts drehen und wenden. Keine Frage, auch dieser Bergahorn verkörpert seine eigene ganz spezielle Interpretation von Freiheit.

Auf dem Haldi, Kanton Uri, weist der knorrige Bergahorn den Weg durch die malerischen Süessberge. Mächtige Zweitausender bilden die hochalpine Kulisse.

BERGAHORN

Acer pseudoplatanus

▶**Verbreitung** Süd, Mittel- und Osteuropa, auf dem Balkan und über Kleinasien bis zum Schwarzen Meer. In Bergwäldern bis 1700 m Höhe, mit anderen Laubbäumen bis zur Waldgrenze

▶**Botanische Einordnung** Familie: Aceraceae (Ahorngewächse, neuerdings Sapindaceae)

▶**Vermehrung** Durch Samen, Sorten durch Veredelung

▶**Früchte** In hängenden Trauben, zweiflügelige Spaltfrüchte mit propellerartigem Flügel, Fruchtflügel stumpfwinklig abstehend, Teilfrucht etwa 3 cm lang und 1,5 cm breit

▶**Verwertung** Wertvolles Nutzholz, unter anderem für Drechselarbeiten und Musikinstrumente, Ziergehölz in Gärten und Parks

Ortsverzeichnis der fotografierten Bäume

Bibliographie

Zeitschriften

The Dendrologist
The Gardener's Chronicle
The Gardener's Magazine
The Garden (1–xx)
International Dendrology Society Yearbook (1965–2001)
International Dendrology Society Newsletter (1998–2001)
Kew (1991–2002)
The Plantsman

Websites

American Forests: www.elp.gov.bc.ca/rib/sdc/trees.htm
Gymnosperm Database: www.conifers.org
National Register of Big Trees: www.davey.com/cgip-bin/texis/ vortex/bigtrees
Angaben zu Süntelbuchen: www.suentelbuchen.de
Deutsches Baumarchiv: www.deutschesbaumarchiv.de
Deutsche Dendrologische Gesellschaft: www.ddg-web.de

Veröffentlichungen

(Wenn nicht anders angegeben, in London gedruckt)
Abete editions, Gli Alberi Monumentali d'Italia, 2 Bde., Rom 1990
Altman, Nathaniel, Sacred Trees (Sierra Club, San Francisco 1994)
Bean, W. J. und Hrsg., Trees and Shrubs Hardy in the British Isles, 4 Bde. und Ergänzungen. (8. Aufl., 1976)
Bourdu, Robert, Arbres Souverains (Paris 1988)
Brooker, Ian und Keeling, David, Eucalypts. An Illustrated Guide (Port Melbourne, 1996)
Carder, Al, Forest Giants of the World Past and Present (Ontario 1995)
Elwes, H. und Henry, A., The Trees of Great Britain and Ireland (Edinburgh 1906–1913)
Evelyn, John, Sylva or a Discourse on Forest Trees (1. Aufl., 1664, Dr. A. Hunter's Edition, 1776)
Fairfield, Jill, Trees, A Celebration (New York 1989)
Featherstone, Alan Watson, Trees for Life Engagement Diaries (Findhorn, Schottland 1991–2001)
Flint, Wendell D., To Find the Biggest Tree (Three Rivers, Kalifornien 1987)
Griffiths, Mark, Index of Garden Plants. The New R. H. S. Dictionary (Portland, Oregon 1994)
Griswold, Mac, Washington's Gardens at Mount Vernon. Landscape of the Inner Man (Boston 1999)
International Tree Society, Temperate Trees under Threat (1996)
Johnson, Hugh, The International Book of Trees (1973)
Johnston, Hank, They Felled the Redwoods (Fish Camp, Kalifornien 1996)
Levington, Anna und Parker, Edward, Ancient Trees (1999)
Loudon, John Claudius, Arboretum et Fruticetum Britannicum, 8 Bde. (2. Aufl., 1844)
Mabberley, D. J., The Plant-Book (2. Aufl., Cambridge 1997)
Menninger, E. A., Fantastic Trees (Neuauflage, Portland, Oregon 1995)
Milner, Edward, The Tree Book (1992)
Mitchell, Alan, Trees of Britain and Northern Europe (Neuauflage, Collins/Domino, 1989)
Muir, John, In American Fields and Forests (Cambridge 1909)
Muir, John, Our National Parks (New York 1894)
Muir, John, The Mountains of California (New York 1894)
Oldfield, Sara und Hrsg., The World List of Threatened Trees (World Conservation Union, Cambridge 1998)
Palgrave, Keith, Trees of Southern Africa (Kapstadt, 5. Aufl., 1991)
Palmer, E. und Pitman, N., Trees of Southern Africa (Kapstadt 1972)
Rushton, Keith, Conifers (1987)
Schama, Simon, Landscape and Memory (1995)
Spongberg, Stephen, A Re-Union of Trees (1990)
Steedman, Andrew, Wanderings and Adventures in the Interior of South Africa, 2 Bde. (London 1835)
Stoltmann, Randy, Hiking the Ancient Forests of British Columbia and Washington (Vancouver 1996)
Van Pelt, Robert, Champion Trees of Washington State (Seattle 1996)
Van Pelt, Robert, Forest Giants of the Pacific Coast (Global Forest Society, Vancouver 2001)

Deutsche Sekundärliteratur

Edlin, Herbert L., Taschenführer Bäume (Melsungen 1980)
Eggmann, Verena/Steiner, Bernd, Baumzeit (Werd Verlag, Zürich, 1995)
Fröhlich, Hans Joach., Wege zu Alten Bäumen, Band 2, Bayern (Frankfurt 1990); Band 4, Nordrhein-Westfalen (Frankfurt 1992)
Hecker, Dr. Ulrich, Bäume und Sträucher (BLV, München 2001)
Kühn, Stefan, u.a., Deutschlands alte Bäume (BLV, München 2002)
Laudert, Doris, Mythos Baum (BLV, München 2001)
Mitchell, Alan, Die Wald- und Parkbäume Europas (Paul Parey, 1974)
Musgrave, T., Gardner, C. und Musgrave, W., Pflanzensammler und -entdecker (Christian Verlag, München 1998)

Zitate

Dante Alighieri, Die Göttliche Komödie. Übs. v. Karl Vossler (R. Piper GmbH & Co. KG, München 1986)
Götterlieder der Älteren Edda. Übs. v. Karl Simrock und neu bearb. v. Hans Kuhn. (Philipp Reclam Jun. Stuttgart 1960)
Hölderlin, Friedrich, „Die Eichbäume", aus: Sämtliche Werke. Große Stuttgarter Ausgabe, hrsg. v. F. Beißner (Bd. I–V) u. Adolf Beck (Bd. VI–VII, Bd. VIII gemeinsam mit U. Oelmann), Stuttgart 1943–1985, Band I, Seite 201
Milton, John, Das verlorene Paradies. Das wiedergefundene Paradies. Übs. v. Bernhard Schuhmann (Winkler Verlag München 1966)
Shakespeare, William, Werke in zwei Bänden. Hrsg. v. Prof. Dr. L. L. Schücking (Droemersche Verlagsanstalt Th. Knaur Nachf., München-Zürich)

Bildnachweis

Seite 1: The Inhabited Tree. Stich 'M. Baynes nach einer Zeichnung Mr. Moffatts von Litakou'. Abgedruckt im 2. Bd. von Wanderings in the Interior of Southern Africa von Andrew Steedman, London, 1835.
Seite 3: Le Dragonnier de l'Orotava. Zeichnung von Marchais nach einer Skizze von d'Ozonne, Stich von Bouquet. Frankreich, 18. Jahrhundert.
Seite 12: Baobab. Stich eines unbekannten Künstlers.
Seite 24: Hindu Fakirs Practising their Superstitious Rites under the Banyan Tree. Zeichnung von Picart, Stich von Bell.
Seite 40: Gemälde eines kalifornischen Baumriesen in der Sierra Nevada nach frühen Fotos.
Seite 54: Der Zwerg und der Riese. Stich eines unbekannten Künstlers aus dem frühen 18. Jahrhundert.
Seite 66: Punishment of the Tcha. Zeichnung von W. Alexander, Stich von J. Hall. London 1796.
Seite 72: The Spirits Blasted Tree. Stich von J. Cuitt 1817.
Seite 86: The Dracaena Draco or the Celebrated Dragon Tree at Orotava in the Island of Tenerife. Zeichnung 'vor Ort' von J. Williams 1819.
Seite 88: A Hindu Family of the Banian Caste. Zeichnung von J. Forbes, Stich von J. Bombay, 1769.
Seite 114: Shepherd in the Stone Room at Newgate. Stich eines unbekannten Künstlers aus dem frühen 18. Jahrhundert.
Seite 118: Mythisches Tier. Stich eines unbekannten Künstlers aus der Mitte des 17. Jahrhunderts.
Seite 130: 'De Cleefste Lindeboom'. Eine Tanzlinde. Stich eines unbekannten Künstlers aus dem 17. Jahrhundert.
Seite 136: Adam und Eva. Radierung und Stich eines unbekannten Künstlers aus dem 18. Jahrhundert.
Seite 137: Siehe auch Seite 1.
Seite 152: Hungersnot im Hafen. Zeichnung von Goupil, Lithographie von Emile Lasalle/ Thierry Freres, aus dem Atlas Pittoresque, Paris, 19. Jahrhundert.
Seite 166: Gum forest. Zeichnung und Stich von 'RE'. Lithographie aus dem 19. Jahrhundert.
Seite 176: Lager unter einem Baobab. Stich eines unbekannten Künstlers aus dem 19. Jahrhundert.
S. 188: 'Der einsame Baum (Dorflandschaft bei Morgenbeleuchtung)'. Gemälde von Caspar David Friedrich, Alte Nationalgalerie Berlin. Abbildung mit freundlicher Genehmigung der Staatlichen Museen zu Berlin, Nationalgalerie/bpk, 2004.

Alle Fotos von Thomas Pakenham mit Ausnahme der Aufnahmen von Stefan Kühn/ Deutsches Baumarchiv auf den Seiten 189, 193, 199; von Uwe Kühn/Deutsches Baumarchiv auf den Seiten 195, 203, 207, 208; und von Bernd Ullrich auf den Seiten 186/187, 201, 204.

Register

Fett gesetzte Seitenzahlen beziehen sich auf Abbildungen.

Autor: Thomas Pakenham/Stefan Kühn (Bäume unserer Heimat)
Aus dem Englischen übersetzt von Birgit Ress-Bohusch und Angela Kuhk
Redaktion: Dr. Jens-Uwe Voss
Korrektur: Petra Tröger
Satz: Studio Fink, Gräfelfing

Reader's Digest
Projektleitung: Stefan Kuballa
Grafik: Gabriele Stammer-Nowack
Produktion: Andreas Schabert

Ressort Buch
Redaktionsdirektorin: Suzanne Koranyi-Esser
Redaktionsleiterin: Dr. Renate Mangold
Art Director: Rudi K. F. Schmidt

Dieses Buch entstand in Zusammenarbeit zwischen der Christian Verlag GmbH und Reader's Digest Deutschland, Schweiz, Österreich
Verlag Das Beste GmbH

Druck und Bindung: Printer Trento S.r.l.

Printed in Italy
GR 1387/G

ISBN 3-89915-229-8

Umschlagvorderseite: Der Junggeselle und die Drei Grazien im Yosemite National Park, Kalifornien

Vorsatz: Die Riesen-Baobabs auf Khubu Island, Botsuana

Nachsatz: Der kleinere der beiden alten Kampferbäume in Atami, Japan

Hintere Klappe: Thomas Pakenham schickt sich an, den 63 Meter hohen Gloucester Tree in Westaustralien zu besteigen (oben). Stefan Kühn, der Autor des Kapitels über Bäume unserer Heimat (unten)

Umschlagrückseite: Die uralte Flatterulme auf dem Dorfanger von Gülitz in der Prignitz